河北省创新能力提升计划科普专项项目（项目编号18K55201D）

能源新视野

NENGYUAN XIN SHIYE

● 张翠华　范小振　编著

U0389701

化学工业出版社

·北京·

图书在版编目（CIP）数据

能源新视野 / 张翠华，范小振编著 . —北京：化学
工业出版社，2019.6
ISBN 978-7-122-34097-9

Ⅰ . ①能… Ⅱ . ①张…②范… Ⅲ . ①能源－问题
解答 Ⅳ . ① TK01-44

中国版本图书馆 CIP 数据核字（2019）第 049609 号

责任编辑：黄丽娟　　　　　　　　装帧设计：刘丽华
责任校对：张雨彤

出版发行：化学工业出版社
　　　　　（北京市东城区青年湖南街13号　邮政编码100011）
印　　装：北京东方宝隆印刷有限公司
850mm×1168mm　1/32　印张9　字数241千字
2019年7月北京第1版第1次印刷

购书咨询：010-64518888
售后服务：010-64518899
网　　址：http://www.cip.com.cn
凡购买本书，如有缺损质量问题，本社销售中心负责调换。

定　　价：49.00元　　　　　　　　版权所有　违者必究

前言
PREFACE

"能源"，即能量的源泉。人类对能源的利用，从薪柴到煤炭、石油、天然气等化石能源，再到水能、风能、太阳能等清洁能源，每一次变迁都伴随着生产力的巨大飞跃和人类文明的重大进步。因此，能源不仅是人类活动的物质基础，也是经济社会发展的基础和动力，关系国计民生，关系人类福祉。

进入21世纪以来，全球能源生产和消费持续增长，化石能源的大量开发和使用，导致资源紧张、环境污染、气候变化诸多全球性难题，对人类生存和发展构成严重威胁。在当今世界，能源的发展、能源和环境，已成为全世界、全人类共同关心的问题。

编写本书的目的在于向公众介绍能源方面的科学知识，帮助人们认识能源、了解能源，提高能源意识，进而在工作和生活中合理地利用能源，让能源更好地为人类服务。

本书共分为5个部分。第一篇"能源家族"，主要介绍能源家族的成员、能源的分类以及人类认识与使用能源的历程等知识；第二篇"常规能源一览"，包括煤炭、石油、天然气、水能四章内容，第三篇"新能源"，包括太阳能、风能、生物质能、核能、地热能、海洋能、可燃冰七章内容；第四篇"化学电源"，包括化学电池、氢能、燃料电池等内容；第五篇"第五种能源——节能"，主要介绍节能技术、节能建筑及日常生活节能等内容。全书从公众关心关注的有关能源、环境、节能等社会热点问题出发，沿能源发展历程脉络，以全新的问题形式，图文并茂、深入浅出地向公众介绍不同时期能源的发现、利用以及与人类社会发展的关系，向公众普及能源与发展、能源与环境以及节能等方面的知识。本书内容既具有科学性、人文性，又具可读性，适合公众尤其青少年学生读者阅读，也可以作为科普工作者、中小学教师的教学参考书。

本书由张翠华、范小振编著，范小振负责全书的统稿，李秀荣、李煦、刘长霞等也参加了资料收集整理工作。在编写本书的过程中，作者参考了大量书籍、研究论文等文献资料，并从网上下载了一些资料，汲取和借鉴了这些文献中的思想精华与研究成果，限于篇幅不一一赘述，在此向各位作者表示深深的敬意和感谢！

本书能够顺利出版，要感谢很多朋友的帮助。如沧州师范学院学报尤书才老师为本书的编写提出了很多意见与建议。在此一并表示衷心感谢！

由于作者水平有限，书中难免有错误和纰漏，不妥之处，恳请专家同行和广大读者予以批评指正。

作者

2019年2月

目 录
CONTENTS

01 第一篇　能源家族 / 001

1　什么是能源？ ………………………………………… 002

2　能源家族有哪些成员？ …………………………… 003

3　人类是怎样一步步使用能源的？ ……………… 004

4　人类是怎样发现和获取火的？ ………………… 009

5　蒸汽机的发明与演变 ……………………………… 010

6　能量与能量转换 …………………………………… 015

7　电能是由什么形式的能源转化而来的？ …… 019

02 第二篇　常规能源一览 / 023

第一章　煤炭 ………………………………………… 024

8　煤炭是怎样形成的？ ……………………………… 024

9 世界煤炭资源分布 025

10 煤炭的化学组成 027

11 煤炭的分类 028

12 煤炭可以做什么？ 032

13 什么是煤化工？ 034

14 煤焦化产业链是怎样的？ 042

15 煤炭燃烧会带来哪些危害？ 043

16 什么是洁净煤技术？ 047

17 煤基功能碳材料 052

第二章 石油 061

18 石油的前世今生——你所不了解的"黑色黄金" 061

19 石油的性质和组成 064

20 你了解石油储集层吗？ 065

21 地下石油是怎么开采出来的？ 066

22 抽油机是如何把原油抽吸到地面上来的？ 070

23 石油炼制过程及产物 072

24 润滑油是怎样加工的？ 075

25 石油化工及其产品 076

26 石油中的烃 078

第三章 天然气 079

27 天然气是从哪来？ 079

28 天然气是怎么发现的？ 082

29 天然气的成分与用途 084

30 天然气是怎样开采出来的？ 085

31 开采出来的天然气是怎样运输到用户的呢？ 087

32 煤层气：从"夺命瓦斯"到"澎湃动力".......................089

33 页岩气是什么？..091

34 威201井：中国第一口页岩气井......................093

35 页岩气利用途径与技术................................094

第四章　水能...099

36 水是能源吗？...099

37 水电站是怎样靠水发电的？.........................102

38 古老的中国水车..104

03 第三篇　**新能源 / 107**

第一章　太阳能...109

39 太阳的能量是如何获得的？.........................109

40 太阳能的利用历史......................................112

41 太阳能的利用方式有哪些？.........................114

42 太阳能是怎么发电的？................................115

43 太阳能电池简介..122

44 太阳能光伏发电有哪些应用？.....................126

45 神奇的"太阳帆"..135

46 人造太阳计划..138

第二章　风能 142

47　风是怎么形成的？ 142

48　风能资源有什么特点？ 145

49　中国风能资源的储量与分布 146

50　人们是怎样利用风能的？ 149

51　中国古代机械——立式风车 153

52　美丽的荷兰风车 156

53　风力发电的奥秘 158

54　达坂城的"大风车" 161

55　可以"发电"的风筝 162

56　值得期待的清洁能源——海风 164

第三章　生物质能 166

57　什么是生物质能？ 166

58　生物质能资源可以分为哪几类？ 168

59　有趣的"石油植物" 169

60　生物质能源的几种形态 172

61　生物质能的利用 173

62　什么是生物质能发电？ 176

63　沼气的超能力：化腐朽为神奇 179

64　你了解生物炭吗？ 183

第四章　核能 187

65　什么是核能？ 187

66　核能的发展历程 192

67　世界上第一座民用核电站奥布宁斯克：从核电站到科学城 ... 195

68　核电站是怎么发电的？ 197

69　铀矿石的辐射很厉害吗？ 201

第五章　地热能 207

70 地底下真有热能吗？ 207

71 地热资源类型与应用形式有哪些？ 209

72 地热能如何服务人类？ 211

73 中国最大的地热能发电站——羊八井地热电站 214

第六章　海洋能 216

74 神奇海洋的超能量 216

75 什么是潮汐发电？ 219

76 利用海水温差可以发电吗？ 221

第七章　可燃冰 223

77 你听说过可以燃烧的"冰"吗？ 223

78 "可燃冰"是如何形成的？ 225

79 人类如何开采"可燃冰"？ 226

80 人类为什么没有大规模开采"可燃冰"？ 228

第四篇 **化学电源** / 231

81 化学电源及其发展 232

82 电池的种类有哪些？ 233

83 锂：能源界的小个子大明星 236

84 燃料电池是如何工作的？ 237

85 什么是氢能？ 239

86 氢能有哪些神奇的作用？ 241

87 "氢能源"是一种二次能源 243

88 新能源汽车所用的能源是什么？ 246

05 第五篇 第五种能源——节能 / 249

89 节能技术有哪些？ 251

90 中国节能认证是什么？ 251

91 家电能效标识你了解吗？ 252

92 白炽灯、节能灯与LED灯有什么区别？ 254

93 什么是建筑节能？ 258

94 国家出台了哪些有关建筑节能的法律、法规和标准？ 259

95 建筑中有哪几种最常用的保温隔热材料？ 259

96 门窗的保温性能和气密性对采暖能耗有多大影响？ 260

97 低能耗、零能耗住宅是怎么回事？ 261

98 什么是太阳房？ 263

99 节能科技——热泵 266

100 能源可以回收利用吗？ 272

参考文献 / 275

第一篇

能源家族

当夜幕降临，能源带给我们万家灯火，一片光明；当寒冬和酷暑来临，能源带给我们温暖或凉爽。当你从一个地方便捷地到达另一个地方，当你打开电脑电视……，是能源帮助人们满足衣食住行等多样化的需求，人类生产与生活一刻也离不开能源。让我们一起走近能源，去认识能源家族，去透视神奇的能源世界。

1. 什么是能源？

能源的定义有多种版本。《大英百科全书》说："能源是一个包括着所有燃料、流水、阳光和风的术语，人类用适当的转换手段便可让它为自己提供所需的能量。"《日本大百科全书》说："在各种生产活动中，我们利用热能、机械能、光能、电能等来作功，可利用来作为这些能量源泉的自然界中的各种载体，称为能源。"《中华人民共和国节约能源法》中对能源的解释是："指煤炭、石油、天然气、生物质能和电力、热力以及其他直接或者通过加工、转换而取得有用能的各种资源。"我国的《能源百科全书》说："能源是可以直接或经转换提供人类所需的光、热、动力等任一形式能量的载能体资源。"仔细分析这些定义，可以发现：无论哪一种定义，能源都是一个可以向我们提供能量的物质。那么，能源到底是什么呢？

其实，能源是大自然奉献给人们的、能提供某种形式能量的物质资源，又称为"能量资源"。煤炭、石油和天然气在燃烧时产生热量，水流和风可推动水轮机和风力发电机转动，这些是多年来人类利用的重要能源。煤炭、石油、天然气等，虽然"相貌"不同，但都可以给人们的生产和生活提供不同形式的能量。

不同的能源可以提供不同形式的能量，它们都是产生能量的源泉。能源的形态是多种多样的，例如煤炭燃烧可以提供热能，风可以提供动能。可见，能源是一种物质，却可以呈现多种不一样的形式。

2.能源家族有哪些成员?

能源家族种类繁多，不仅包括煤炭、石油、天然气、水能等常规能源，也包括太阳能、风能、生物质能、地热能、海洋能和核能等新能源，而且经过人类不断的开发与研究，更多新成员不断加入。根据能源的特点和合理利用的要求，可从不同的角度对能源家族成员给予分类，将能源分为不同的类型，如常规能源和新型能源、可再生能源和不可再生能源等。

首先，按能源的来源将其分为以下三类。

① 来自地球外部天体的能源（主要是太阳能）　除直接辐射外，还为风能、水能、生物能和矿物能源等的产生提供基础。人类所需能量的绝大部分都直接或间接地来自太阳。

② 地球本身蕴藏的能源　通常指与地球内部的热能有关的能源和与原子核反应有关的能源，如地热能、原子核能等。

③ 地球和其他天体相互作用而产生的能源　如潮汐能。

其次，从能源原有的形态是否改变的角度把能源分为一次能源和二次能源。

一次能源是从自然界取得的未经任何改变或转换的能源，如煤炭、石油、天然气、水力、柴薪，其中煤炭、石油和天然气是当今世界一次能源的三大支柱，为全球能源的基础。除此以外，太阳能、风能、地热能、潮汐能、生物质能以及核能等也被包括在一次能源的范围内。

二次能源又称人工能源，是指由一次能源经过加工直接或间接转换成其他形式的、符合人们生产生活使用条件的能源产品。二次能源通常都属高品质的能源，与一次能源相比，它们或者是热值高、燃烧清洁、热效率高；或者是运输使用方便，能够容易地转换成其他形式的能量；或者是能满足不同工艺的要求。如焦炭、煤气、电力、各种石油制品、蒸汽、热水、酒精、氢气、激光等都属于二次能源，生产过程中排出的余能、余热，如高温烟气、可燃废气、废蒸汽也属此类。一次能源转换成二次能源会有转换损失，但二次能源有更高的终端利用效率，也更清洁和便于使用。

第三，从能源能否循环再生角度可将能源分为可再生能源（再生能源）和不可再生能源（非再生能源）。可再生能源是指在自然界可以循环再生，是取之不尽，用之不竭的能源，不需要人力参与便会自动再生，是相对于会穷尽的非再生能源的一种能源。可再生能源主要包括太阳能、风能、水能、生物质能、地热能和海洋能等。不可再生能源泛指人类开发利用后，在现阶段不可能再生的能源资源。不可再生能源包括煤炭、石油、天然气、化学能、核燃料等，它们是不能再生的，用掉一点便少一点。

第四，从能源利用状况角度可将能源分为已被广泛利用的常规能源和有待科技进步才能广泛应用的新能源。常规能源是指在现有经济和技术条件下，已经大规模生产和广泛使用的能源。如煤炭、石油、天然气、水力等。

新能源是指人类依靠技术进步新近才系统开发利用的能源。包括太阳能、风能、地热能、海洋能、生物质能等能源。新能源大部分是天然的和可再生的，是未来能源开发的重要领域。新能源对人们来说其实并不陌生，如太阳能，人类的祖先很早就知道利用太阳能来取暖和晾晒东西了，现在大规模利用的煤、石油、木材等其实也都是积储在地球上的太阳能。常规能源与新能源是相对而言的，现在的常规能源过去也曾是新能源，现在的新能源将来也会成为常规能源。

随着全球各国经济发展对能源需求的日益增加，现在许多发达国家都更加重视对可再生能源以及新能源的开发与研究。相信随着人类科学技术的不断进步，科学家们会不断开发研究出更多新能源来替代现有能源，以满足全球经济发展与人类生存对能源的高度需求，而且能够预计地球上还有很多尚未被人类发现的新能源正等待去探寻与研究。

3. 人类是怎样一步步使用能源的？

能源是大自然馈赠给人类的礼物，在人类文明发展的历史过程中，能源为人类的生产和生活提供了一个必不可少的物质保障。纵观人类社会发展的历史，人类文明的每一次重大进步都伴随着能源的改进和更替。人类利用能源的历史，也就是人类认识和征服自然的历史。根据各个历史阶段所使用的主要能源，可以分为柴草时期、煤炭时期和石油时期，目前正向新能源时期过渡，并且无数学者仍在不懈地为社会进步寻找、开发更新更安全的能源，可以相信能源的多元时代即将来临。

（1）柴草时期

大约在1万年前的旧石器时代，原始人开始了火的使用并发明了钻木取火。他们用火取暖、烤熟食物（图1-1），有效地促进了自身体质的改善，加速了原始人的进化，这是人类有目的地利用能源的开始。钻木取火是人类从利用自然火到利用人工火的转变，导致了以柴薪作为主要能源的时代的到来，这就是人类第一次能源革命。

图1-1　古人类用火烧烤食物

相对于当时的人口和当时的生产力，柴薪是一种数量巨大、能够方便获取的可再生能源。从火的发现到18世纪产业革命期间，树枝杂草一直是人类使用的主要能源。柴草不仅能烧烤食物、驱寒取暖，还被用来烧制陶器和冶炼金属。陶器是人类利用火制造出来的第一种自然界不存在的材料，世界古文明发源地在新石器时代中后期出现过陶器。在陶制容器中用木炭可将翠绿色的孔雀石和深蓝色的蓝铜矿（铜的两种常见矿石，主要成分为碱式碳酸铜）还原成金属铜，然后铸成各种形状的器皿和用具。考古学已证实，在公元前3000年左右，分布在亚、非、欧广大地区的人们已普遍掌握了用木炭炼铜的技术，金属材料的出现加速了人类文明的进程。

人类以柴薪为主要能源的时代持续了近1万年。目前柴薪仍是某些发展中国家的重要生活能源。

（2）煤炭时期

人类开发利用煤炭的历史悠久，我国早在2000多年前的春秋战国时期，人们就已用煤作燃料。煤炭的开采始于13世纪，而大规模开采并使其成为世界的主要能源则是18世纪中叶的事了。1769年，瓦特发明蒸汽机，煤炭作为蒸汽机的动力之源而受到关注，促进了煤炭的大规模开采。蒸汽机的发明是人类利用能量的新里程碑。人类从此逐步以机械动力大规模代替人力和畜力，它直接导致了第二次能源革命（蒸汽机机车车头见图1-2）。

第一次产业革命期间，冶金工业、机械工业、交通运输业、化学工业等的发展，使煤炭的需求量与日俱增。1860年，煤炭在世界一次能源消费结构中占24%，

图1-2 蒸汽机机车车头

1920年上升为62%。从此，世界进入了"煤炭时代"，至今煤炭仍是人类最重要的能源之一。

（3）石油时期

第二次世界大战之后，在美国、中东、北非等地区相继发现了大油田及伴生的天然气，每吨原油产生的热量比每吨煤高一倍。石油炼制得到的汽油、柴油等是汽车、飞机用的内燃机燃料。世界各国纷纷投资石油的勘探和炼制，新技术和新工艺不断涌现，石油产品的成本大幅度降低，发达国家的石油消费量猛增。1967年，石油首次取代煤炭占居首位，世界进入了"石油时代"。这一年石油在一次能源消费结构中的比例达到40.4%，而煤炭所占比例下降到38.8%。20世纪70年代世界经历了两次石油危机，此后，石油、煤炭所占比例缓慢下降，天然气的比例上升。煤炭、石油和天然气等化石能源是近现代的主要能源，因此人们把近300年称为化石能源时代。

电能是在19世纪被人类发现的。1831年英国物理学家法拉第发现磁铁同导线相对运动时，导线中有电流产生，从而开辟了一种新能源——电能，人类利用电力的大门由此开启。电能的开发及其广泛应用极大促进了社会生产的发展，使人类社会步入"电气化时代"。

电能作为一种二次能源，便于从多种途径获得，如水力发电、火力发电、核能发电、太阳能发电及其他各种新能源发电等，同时又便于转换为其他能量形式以满足社会生产和生活的种种需要，如电动力、电热能、电化学能、电光源等。与其他能源相比，电能在生产、传送、使用中更易于调控。这一系列优点，使电能成为最理想的二次能源，格外受到人们关注。

电力输送的方便性和经济性，电能和机械能之间的高转换效率以及易于控制等特点，使得电力成为现代社会使用最广、增长最快的二次能源。自19世纪80年代开始的电能应用，改变了人类社会的生活方式，使20世纪以"电世纪"载入史册。电能照明带给人类的便捷和好处最显著，它消除了黑夜对人类生活和生产劳动的限制，大大延长了人类用于创造财富的劳动时间，改善了劳动条件，丰富了人们的生活。电气化已在某种程度上成为现代化的同义语，同时也已成为衡量人类社会物质文明发展水平的重要标志。

20世纪40年代，物理学家发明了可以控制核能释放的装置——反应堆，拉开了以核能为代表的第三次能源革命的序幕。1954年6月，苏联在奥布宁克斯建造了世界上第一座原子能发电站（图1-3），核能的和平利用登上历史舞台。

图1-3　奥布宁克斯原子能发电站

几十年来，核电已经成为一种相当成熟的技术。由于核电比火电更清洁、安全、经济，核能在许多经济发达国家已经成为常规能源。同时，太阳能、风能、水力、地热等其他形式的新能源逐渐被开发和利用。

纵观人类利用能源的发展历程，世界能源结构先是以柴薪为主，后来又以煤炭和石油、天然气为主，现在已进入常规能源的使用与相对成熟的水能、核能、风能、太阳能等新能源的开发与利用并举的时期（图1-4）。人类对能源研究与探索的脚步从未停止过。目前，在继续开发现有新能源的同时，还在不断探索和寻求未来能源的新思路，如开发利用海洋能、可燃冰、氢能等未来能源。

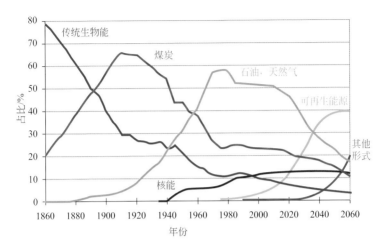

图1-4　能源的生命周期（1860—2060）

人类社会越发展，生产力越提高，人类对能源的需求量及依赖程度越高。随着社会突飞猛进的发展，能源需求量亦成倍增加。以煤炭、石油、天然气为主的化石能源属于不可再生能源，地球上其资源总量是有限的，而且化石燃料燃烧排放的CO_2、SO_2和NO_x会给全球带来严重的环境问题，诸如温室效应、酸雨等，世界能源正面临一个新的转折点。人类已开始深入地研究能源问题和能源开发，随着人类社会的不断发展、科学技术的进步，未来能源的利用将进入多元化的复合能源时代，同时世界能源的利用也将向着更清洁化、高效化的方向发展，以更好为人类造福。

4. 人类是怎样发现和获取火的？

火，是大自然中的一种自然现象。如火山爆发引起的大火，雷电使树木等燃烧而产生的天然火。这些野火远在人类诞生以前就存在于地球上了。在人类的童年时代还不会用火，人们称这个时代是"茹毛饮血"的时代。人类发展历史告诉我们，用火是继石器制作之后，在人类获取自由的征途上一件划时代的大事，它开创了人类进一步征服自然的新纪元。

对于火的使用，人类经历了一个从恐惧到认识，从认识到使用，从使用天然火到人工取火的漫长过程。第一，使用天然火。火山爆发、雷电轰击、陨石落地、长期干旱、煤炭和树木的自燃等，都可以形成天然火。对于原始人来说，这是很可怕的。但是人们在同险恶的自然条件作斗争的过程中，逐渐了解到烈火附近比较暖和，被烧死的野兽可以充饥。当他们最初尝到经大火烧熟的野物时，觉得比起生吃野物味美得多，而且更易咀嚼，于是人们开始变生食为熟食，改变了"茹毛饮血"的原始状态。原始人还试着取回火种，把燃烧的树枝带到山洞里去，用火作为战胜寒冷、防止野兽侵袭的武器。第二，钻木取火。通过钻木摩擦生火，再引燃易燃物，取得火种，点燃火堆。第三，用火石、火镰、火绒取火。在长期的劳动过程中，他们还发现了摩擦生火的现象。例如，打猎时用石块投掷猎物，因石块相碰冒出火星，久而久之，学会用石头互相撞击，打出火星，再引燃植物的绒毛取火。后来，这方法经多方改良，形成了火石、火镰、火绒的系统取火工具。人工取火发明是人类历史上划时代的大事，它开创了人类进一步征服自然的新纪元，使火在人类征服自然界中发挥着巨大的作用。

人类由于懂得利用火，因而逐步学会了烧制陶瓷、冶炼金属等。原始社会末期，人们开始冶炼青铜器和铁器，并用于大规模地砍伐森林、开垦荒地、发展农业和开发牧场。因此，火有力地促进了社会生产的发展。

5.蒸汽机的发明与演变

蒸汽机是将蒸汽的能量转换为机械功的往复式动力机械。蒸汽机的出现曾引发了18世纪的工业革命。直到20世纪初，它仍然是世界上最重要的原动机，后来才逐渐让位于内燃机和汽轮机等。《全球通史》作者L.S.斯塔夫里阿诺斯说过，"蒸汽机的历史意义，无论怎样夸大也不为过"。蒸汽机的出现使人类从依靠人力、畜力等原始动力中解脱了出来，实现了机器大生产，带领人类进入蒸汽时代。

早在1690年，法国物理学家丹尼斯·巴本制造出了一个带有汽缸、活塞的装置，完成了蒸汽机的基本构造原理。丹尼斯·巴本是一个物理学家，他这个装置仅限于实验室使用，没有转变成应用技术，但为后来的研究提供了理论依据。

16世纪末到17世纪后期，英国的采矿业，特别是煤矿，已发展到相当的规模。随着矿产品需求量的增长，矿井越挖越深而导致严重的矿井积水问题。为了解决矿井的排水问题，当时一般靠马力转动辘轳来排除积水，但一个煤矿需要养几百匹马，显然，单靠人力、畜力已难以满足排除矿井地下水的要求，而现场又有丰富而廉价的煤作为燃料。现实的需要促使许多人致力于"以火力提水"的探索和试验。1698年托马斯·萨弗里（Thomas Savery）和1712年托马斯·纽科门（Thomas Newcomen）制造了早期的工业蒸汽机，他们对蒸汽机的发展都做出了自己的贡献。

英国的萨弗里最早发明了用蒸汽泵排水。萨弗里是一位对力学和数学很感兴趣的军事机械工程师，又当过船长，具有丰富的机械技术知识。1698年，他发明了把动力装置和排水装置结合在一起的蒸汽泵，萨弗里称之为"蒸汽机"。这是世界上第一台实用的蒸汽提水机，于1698年取得标名为"矿工之友"的英国专利。这台被称为"矿工之友"的蒸汽泵有一个带进气阀、进水阀和排水阀的密封容器。使用时，先关闭进水阀，打开排水阀和进气阀，让高压水汽把容器中的空气通过排水阀排走，再关闭排水阀和进气阀；在容器外喷洒冰水，使容器内蒸汽冷凝，产生真空；此时，打开进水阀，把水吸满容器。为了尽可能使之连续工作，萨弗里在蒸汽的泵中安装了两个这样的容器。如此反复循环，交替工作，连续排水。

萨弗里的蒸汽泵依靠真空的吸力汲水，汲水深度不能超过6m。为了从几十米深的矿井汲水，须将蒸汽泵装在矿井深处，用较高的蒸汽压力将水抽到地面上，这在当时无疑是困难而危险的。另外，该蒸汽泵的热效率太低,基本上还只是一种水泵,而不是典型的动力机。这种没有活塞的蒸汽机,虽然燃料消耗很大,也不太经济,但它是人类历史上第一台实际应用的蒸汽机。这样,蒸汽动力技术基本实现了从实验科学到应用技术的转变。

1705年,英国的纽科门设计制成了一种更为实用的蒸汽机。纽科门生于英国达特马斯的一个工匠家庭,年轻时在一家工厂当铁工。由于经常出入矿山,非常熟悉矿井的排水难题,同时发现萨弗里蒸汽泵在技术上还很不完善,便决心对蒸汽机进行革新。为了研制更好的蒸汽机,纽科门曾向萨弗里请教,并专程前往伦敦,拜访著名物理学家胡克,获得了一些必要的科学实验和科学理论知识。纽科门认为,萨弗里蒸汽泵有两大缺点:一是热效率低,原因是蒸汽冷凝通过向汽缸内注入冷水实现的,从而消耗了大量的热;二是不能称为动力机,基本上还是一个水泵,原因在于汽缸里没有活塞,无法将火力转变为机械力,从而不可能成为带动其他工作机的动力机。对此,纽科门进行了改进。针对热效率问题,纽科门没有把水直接在汽缸中加热汽化,而是把汽缸和锅炉分开,使蒸汽在锅炉中生成后,由管道送入汽缸。这样,一方面由于锅炉的容积大于汽缸容积,可以输送更多的蒸汽,提高功率;另一方面由于锅炉和汽缸分开,发动机部分的制造就比较容易。针对火力的转换,纽科门吸收了巴本蒸汽泵的优点,引入了活塞装置,使蒸汽压力、大气压力和真空在相互作用下推动活塞作往复式的机械运动。这种机械运动传递出去,蒸汽泵就能成为蒸汽机。纽科门通过不断地探索,综合了前人的技术成就,吸收了萨弗里蒸汽泵快速冷凝的优点和巴本蒸汽泵中活塞装置的长处,设计制成了气压式蒸汽机。纽科门蒸汽机,实现了用蒸汽推动活塞做一上一下的直线运动,每分钟往返16次,每往返一次可将45.5L水提高到46.6m。该机可被用于矿井的排水。

瓦特(1736—1819)是世界公认的蒸汽机发明家。瓦特生于英国造船业发达的格拉斯哥城附近的格里诺克镇。他的祖父和叔叔是机械工人,父亲是造船工人。因为家里穷,瓦特几乎没上过学,但在家庭的影响下，从小就懂得了不少机械制造的知识，培养了制造机械的兴趣。

瓦特与蒸汽机结缘，得益于格拉斯哥大学（University of Glasgow）的三位教授，Joseph Black、Adam Smith 以及后来的 John Robison，他们为瓦特提供了一份维修和制作天文仪器的工作，并提供了一个小的工作车间。1763 年瓦特被要求去修理一台学校的纽科门模型机，用于教学使用。他通过大量实验以及根据格拉斯哥大学教授 Black 提出的潜热、比热理论进行分析，对旧式蒸汽机进行深入研究，找出了旧式机器效率低的主要原因：除了漏汽、散热等造成热量的浪费外，主要缺陷在于每一冲程都要用冷水将汽缸冷却一次，从而消耗了大量热量，使绝大部分蒸汽没有被有效利用。针对这一缺陷，瓦特提出了减少蒸汽消耗，提高热机效率的两项措施：一、为了使汽缸始终保持蒸汽所必须具有的温度，必须在汽缸外加上绝热外套，或通以蒸汽或用其他方法对汽缸加热；二、使做功后的蒸汽尽可能快地冷却，液化成水，并要使这一过程在汽缸外进行，为此必须设置一个独立于汽缸的冷凝器，在机械传动方面也要改进。他决心自己制造一台新的蒸汽机，来改进旧机器的不足。

瓦特的可贵之处在于他修好之后，还对其工作原理、热机效率、制造工艺等一系列问题进行了深入思考，在经过很多实验后，瓦特验证了在气缸每次循环中有大约四分之三的蒸汽热量被白白地浪费，而且由于每次循环都向气缸内喷入冷水不能连续工作。

瓦特自筹资金，租了间地下室，买了必要的设备，反复实验，经历了无数次挫折和失败，在工人的帮助下，终于发明了与汽缸分离的冷凝器，解决了制造精密汽缸、活塞的工艺问题，同时采用油润滑活塞，汽缸外附加绝热层等措施，制成单动作蒸汽机。后经继续试验，又在 1782 年，发明了具有连杆、飞轮和离心调速器的双动作蒸汽机，制成了新的可实用的蒸汽机。这种装置是最早在技术上使用的自动控制器。1784 年，瓦特对它进行了改进，为它增加了一种自动调节蒸汽机速率的装置，使它能适用于各种机械的运动。从此之后，纺织业、采矿业、冶金业、造纸业、陶瓷业等工业部门，都先后采用蒸汽机作为动力了。

瓦特的蒸汽机成为真正的国际性发明，它有力地促进了欧洲18世纪的产业革命，推动世界工业进入了"蒸汽时代"。

1807年，美国人富尔顿（1765—1815）把瓦特的蒸汽机装在轮船上，制造了第一艘汽船（图1-5）。从此，航运中的帆船时代结束了。

图1-5　蒸汽机轮船

1814年，英国人史蒂芬孙（图1-6）把瓦特的蒸汽机装在机车上，因前进时不时地从烟囱里冒出火来，被称为"火车"（图1-7），从此陆路运输的新时代开始了。

图1-6　史蒂芬孙　　　　图1-7　美国第一列火车同马拉车赛跑

　　19世纪三四十年代，蒸汽机在欧洲和北美被广泛采用，这就是所谓的"蒸汽时代"。

　　恩格斯在《自然辩证法》中这样写道："蒸汽机是第一个真正国际性的发明，瓦特把它加上了一个分离的冷凝器，这就使蒸汽机在原则上达到了现在的水平"。瓦特逝世于1819年，后人为了纪念他的伟大发明，把发电机和电动机的功率计算单位定为"瓦特（W）"。现代家庭用的电灯、电暖器、电熨斗的功率都称为"瓦"，那是"瓦特"的简称，也是为了纪念他为人类做出的杰出贡献。

6. 能量与能量转换

　　能量是一种看不见摸不着你却一直能感觉得到的神奇东西，至今为止没有任何人提取或发现它的真实面貌，但能量又是客观存在的。能量具有能够使物体"工作"或运动的本领。任何东西只要有移动、发热、冷却、生长、变化、发光或发声的现象，其中就有能量在起作用。通常我们所说的热能、电能、机械能都是能量的表现形式。

　　能量的英文"energy"一字源于希腊语ἐνέργεια，该字首次出现在公元前4世纪亚里士多德的作品中。伽利略时代已出现了"能量"的思想，但还没有"能"这一术语。19世纪初，由于蒸汽机的进一步发展，迫切需要研究热和功的关系，对蒸汽机"出力"作出理论上的分析。所以热与机械功的相互转化得到了广泛的研究。直到19世纪中期，热力学第一定律即能量守恒定律被确认后，人们才认识到能量概念的重要意义和实用价值。物理学上将能量定义为：能量即物体（或系统）对外做功的能力，简称"能"。

　　自然界中存在着各种形式的物质运动，如机械运动、分子热运动、电磁运动等，每一种运动都有一种能跟它对应，因此具有各种形式的能。跟机械运动对应的是机械能，跟分子热运动对应的是内能。此外，跟其他运动形式对应的还有电能、光能、化学能和核能等等。

机械能是动能与势能的总和。动能是物体由于做机械运动而具有的能，能对其他物体做功。如风吹着帆船航行，空气对帆船做了功；急流的河水把石头冲走，水对石头做了功；运动着的钢球打在木块上，把木块推走，钢球对木块做了功。流动的空气和水，运动的钢球，它们能够做功，它们都具有能量。势能是指物体（或系统）由于位置或位形而具有的能。例如，举到高处的打桩机重锤具有势能，故下落时能使它的动能增加并对外界做功，把桩打入土中；张开的弓具有势能，故在释放能时对箭做功，将它射向目标。

化学能是由于物质之间发生化学反应，物质的分子结构变化而产生的能量。例如：木材的燃烧是一种化学反应，燃烧时产生的光和热，就来源于木材里储存的化学能。

热能是物质内部原子分子热运动的动能，温度愈高的物质所包含的热能愈大。热机是膨胀的水蒸气把它的热能变成了热机的动能。

核能是由于核反应，物质的原子结构发生变化而产生的能量。例如：原子弹、氢弹爆炸时释放的能量就来源于原子核反应。

各种能都能够做功。例如：蒸汽和燃烧气体的内能可以通过蒸汽机、内燃机等热力发动机来做功。做功的过程实际上是能的转化过程。当巨大的列车缓缓起动的时候，内能就逐渐地转化为机械能；转动的车轮由于摩擦生热，一部分机械能又转化为内能。

其实，各种形式的能量都可以互相转化（图1-8）。自然界中，同一能量不但可以从一个物体转移到另一个物体，而且不同形式的能量之间可以通过物理效应或化学反应而相互转化。例如拍球，能量从人体（肌肉）的化学能转移到球，使之成为球的动能，球的动能又转化成弹性势能，弹性势能又转化成动能和重力势能，只有靠这些能量的转移、转化才能够完成拍球这一过程。太阳能热水器是利用太阳能转换成热能给水加热。太阳能电池发电是利用太阳能转换成电能。电水壶是将电能通过电热管转换为热能，水吸收热能而被烧开。

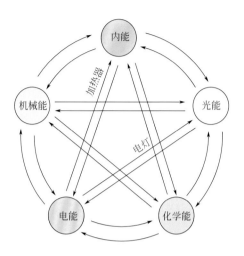

图 1-8 能量转换示意图

　　水能属于太阳能资源，在水循环过程中，海水吸收太阳能，受热蒸发为水蒸气，上升到高空，具有了势能，水汽输送到陆地上空，形成降水，水往低处流，流动过程中，势能逐渐转化为动能，可以用于发电。

　　电能转化热能：电能转化热能一般通过热电阻或热辐射，例如家用的电热炉，是在热阻丝内通过大量电流使热阻丝产生大量热能，通过热辐射传导给周围环境。也可以通过微波装置，使电能转化成微波，通过直接的热辐射转为热能。

　　热能转化电能：至今为止，人类还没想出很有效率的方法可以让热能直接转化为电能，似乎人类只发明了电能和机械能转化的装置，所以如果想任何形式能量转换为电能，必须先转换为机械能。但是，有的物质如陶瓷等，在温度变化时可以产生电势差，进而产生微弱电能，但到目前为止还无法用于发电。

　　机械能转化电能：在水力发电站中，水流冲动水轮机带动发电机发电，水流的机械能又转化为电能。

　　光能转化电能：可以通过光电效应使光照射在金属表面而辐射

出电子，通过这种方法，人类设计了太阳能板，太阳能板是通过阳光照射硅晶体的PN结产生空穴电压把光能转化成电能的。光能转化电能是相对比较有效的转换方式，并且随着不可再生能源的枯竭，人类越来越重视可再生清洁能源的应用，光能就是最受关注的清洁能源之一。

化学能转化电能：将化学能转化成电能的装置为化学电池，在电池内部通过电化学反应把正极、负极活性物质的化学能转化为电能。其工作原理是内电路（电解质溶液）中阴离子移向负极，阳离子移向正极，外电路中的电子由负极移向正极；电子发生定向移动从而形成电流，实现了化学能向电能的转化。如干电池和蓄电池的放电是化学能转变成电能；给电池充电则是电能转变成化学能。

电能转化机械能：借助电磁感应效应，人类设计了电机，可以使电能轻松转化为机械能。在电机中，电能和机械能可以互逆转换。

化学能转化热能：化学反应常伴随着能量的变化，化学反应的过程可以看成是能量的"贮存"或"释放"过程。如可燃物的燃烧，伴随着光能的同时也产生大量热能。

热能转化机械能：至今人类想到的最好方法，通过加热，使水变成水蒸气，水蒸气推动活塞做功，这就是热能转换成机械能。自从瓦特发明蒸汽机以来，人类一直沿用这个方法进行转换。

机械能转化热能：机械做功摩擦可以产生热能，在摩擦过程中，原子、分子相互撞击，振动加剧，从而导致温度升高，这个过程中，机械能直接转化为热能。机械能转化热能的效率一般不高，而且在实际应用中无法通过这样的转化大量提供热能，只作为机械能的能量损耗而已。

光能转化热能：光子具有动能，与物质的分子碰撞后，将动能转移到分子上，于是分子动能升高——也就是发热。不同的光的能量不一样，频率越高能量越高。

光能转化化学能：如植物吸收太阳光进行光合作用是地球上生命所需能量的直接或间接地来源，是将光能转化为稳定的化学能过程。

光能转化机械能：如太阳帆（Solar sails）。太阳帆是利用太阳光的光压进行宇宙航行的一种航天器。

科学工作者经过长期的探索，发现自然界的各种现象不是孤立的，而是互相联系的。用能量的观点可以反映这种联系。大量事实证明，任何一种形式的能在转化为其他形式的能的过程中，能的总量是保持不变的。能量既不会消灭，也不会创生，它只会从一种形式转化为另一种形式，或者从一个物体转移到另一个物体，而能的总量保持不变。这就是能量守恒定律。

能量守恒定律是自然界最普遍、最重要的基本定律之一。大到天体，小到原子核，也无论是物理学的问题还是化学、生物学、地理学、天文学的问题，所有能量转化的过程，都服从能量守恒定律。能量守恒定律是人类认识自然、利用自然、保护自然的有力武器。

7. 电能是由什么形式的能源转化而来的？

在现代文明社会，电能被视为与空气和水一样重要。电能是一种高品位能量，它与其它形式的能源相比，具有便于大规模生产和远距离输送；可简便地转换成另一种形式的能量；用电容易控制，可实现自动化和远动化操作；损耗小，效率高，经济效益好；无气体和噪声污染等特点。因此，它是最理想的二次能源，被广泛应用在动力、照明、化学、纺织、通信、广播等各个领域。那么，电能是由什么形式的能源转化而来的？日常生活中使用的电能，主要来自其他形式能量的转换，包括水能（水力发电）、热能（火力发电）、原子能（核电）、风能（风力发电）、化学能（电池）及光能（光电池、太阳能电池等）等。目前最主要的发电形式是火力发电、水力发电和核能发电，三者的发电量占全部发电量的90%以上，此外还有太阳能、风能、地热能、海洋能发电等。

发电厂是"生产"电能的工厂，它将各种一次能源（天然能源），如煤炭、水能、核能等转换为电能。按输入一次能源形式及转换过程的不同，可将发电厂分为火力发电厂（图1-9）、水力发电厂、原子能发电厂（核电厂）与新能源发电厂四类。新能源发电厂又包括风力发电厂、太阳能发电厂、地热发电厂及潮汐发电厂等。

图1-9　火力发电厂

　　火力发电是指利用煤炭、石油、天然气等固体、液体、气体燃料燃烧时产生的热能，通过热能来加热水，使水变成高温产生高压水蒸气，然后再由水蒸气推动发电机继而发电的一种发电方式。火力发电的基本生产过程是：燃料在燃烧时加热水生成蒸汽，将燃料的化学能转变成热能，蒸汽压力推动汽轮机旋转，热能转换成机械能，然后汽轮机带动发电机旋转，将机械能转变成电能。其能量转换方式为：燃料化学能——→蒸汽热能——→机械能——→电能。

　　火电厂整个生产过程可分为3个系统。① 燃烧系统，煤在锅炉中燃烧加热水，使水形成高温高压的蒸汽。能量转化原理是燃烧煤的化学能转变为蒸汽的热能。② 汽水系统，蒸汽进入汽轮机，水蒸气带动汽轮机转子转动。能量转化是热能转化成机械能。蒸汽在汽轮机中消耗了大量的能量成为乏气，需要再循环成为液态水并送至锅炉重新加热为蒸气。为了使这部分蒸气转化为水，一般使用外部的水作为介质在凝汽器中对蒸汽进行冷却。这些吸收了蒸气余热的外部的水，又要经过自然通风冷却塔来散热成为新的冷却水。③ 电气系统，汽轮机转子与发电机转子通过联轴器连接，发电机转子会跟着汽轮机匀速转动，在电磁感应的作用下，发电机产生电流。能量转化原理是机械能变为电能。最后电流通过变电设备向电网输电。

　　火力发电是现阶段最普及的发电方式，也是技术最成熟的。缺点就是所用燃料不可再生，发电效率低；另一方面燃烧将排出二氧化碳和硫的氧化物，因此会导致温室效应和酸雨，恶化地球环境。

　　水力发电具有悠长的历史，水力发电在某种意义上讲是水的位能转变成机械能，再转变成电能的过程。水力发电的基本原理是利用水位落差，配合水轮发电机产生电能，也就是利用水的位能转为水轮的机械能，再以机械能推动发电机，而得到电能。水能是一种取之不尽、用之不竭、可再生的清洁能源。水力发电直接利用水能，几乎没有任何污染物排放。水力发电的特点是形成蓄水库以调节流量，引用流量大，电站规模大，综合效益高。其缺点是，前期投资太大，建设周期长；另外，一个国家的水力资源也是有限的，而且还要受季节的影响。

　　核能发电是人类对于原子核内部能量的利用。现有的核能发电都是裂变发电，它与火力发电极其相似。只是核能发电是将核反应产生的热能，用来产生水蒸气，水蒸气为蒸汽轮机提供动力，蒸汽轮机带动发电机旋转，发电机将磁能转换成电能。世界上有比较丰富的核资源，核燃料具有体积小能量大的优点。但核电厂的反应器内有大量的放射性物质，如果在事故中释放到外界环境，会对生态及民众造成伤害。

　　太阳能发电是人类对于能源最直接的利用，从本质上讲，无论是化石能还是水能风能都是太阳能的一种存在形式。常见的太阳能发电方式有太阳能电池的直接转化和太阳能热电站两种。太阳能电池的直接转化是利用光电效应，将太阳辐射能直接转换成电能。太阳能热电站的工作原理则是光 - 热 - 电转换方式，一般是由太阳能集热器将所吸收的热能转换成水蒸气，再驱动汽轮机发电。太阳能发电是可再生能源。

　　风力发电机的工作原理比较简单，风轮在风力的作用下旋转，它把风的动能转变为风轮轴的机械能。发电机在风轮轴的带动下旋转发电。风力发电，属于新能源发电，洁净、无污染，缺点就是装机容量太小，受地域限制。

　　总之，发电是将火力、水力、核能、风力等非电能转换成电能的过程。传统的发电方式包括火力发电、水力发电、核能发电等。随着太阳能发电、风力发电等新能源发电技术的发展，风能和太阳能等新型能源，会逐渐成为未来世界利用的主要能源。

第二篇

常规能源一览

常规能源也叫传统能源，是指已经大规模生产和广泛利用的能源。如煤炭、石油、天然气以及水能等，它们是促进社会进步和文明的主要能源。那么这些能源又是如何被人类开发和利用的呢？

第一章

煤 炭

8. 煤炭是怎样形成的?

　　煤炭也叫原煤或煤,是地壳运动的产物。远在3亿多年前的古生代和1亿多年前的中生代以及几千万年前的新生代时期,大量植物残骸因为地壳运动而被埋没在地下,在适宜的地质环境中经过漫长年代的演变而形成了固体可燃矿物——煤。只要仔细观察一下煤块,就可以看到有植物的叶和根茎的痕迹;如果把煤切成薄片放到显微镜下观察,就能发现非常清楚的植物组织和构造,而且有时在煤层里还保存着像树干一类的东西,有的煤层里还包裹着完整的昆虫化石。那么,植物又是经历了什么样的过程才形成煤的呢?

　　煤炭被认为是远古植物遗骸埋在地层下经过泥炭→褐煤→烟煤→无烟煤的转变所形成的(图2-1)。从植物死亡、堆积、埋藏到转变成煤炭经过了一系列的演变过程,这个过程称为成煤作用。成煤作用包括泥炭化作用、成岩作用及变质作用3个过程。① 泥炭化作用。当高等植物遗体在沼泽中堆积,在有水存在和微生物参与下,经过分解、化合等复杂的生物化学变化,形成泥炭(泥煤)。泥炭化阶段主要是植物残骸的菌解过程。当原始物质为低等植物和浮游生物时则形成腐泥,称为腐泥化作用。② 成岩作用。当地壳下沉时,泥炭和腐泥的上部为沉积物所覆盖,在温度、压力的影响下,经过压密、脱水、胶结和其他化学变化,分别变为褐煤和腐泥煤。

③ 变质作用。由于地壳的运动，褐煤层上部顶板逐渐加厚，受地压、地温增高的影响，经过复杂的物理化学作用，促使煤质变化，由褐煤变成烟煤、无烟煤。

死亡的植物　　泥炭变化　　烟煤在挤压　　无烟煤煤层
形成泥炭　　成为褐煤　　下形成　　　　最后形成

图2-1　煤炭的形成过程

在整个地质年代中，全球范围内有三个大的成煤期。

（1）古生代的石炭纪和二叠纪，成煤植物主要是孢子植物　主要煤种为烟煤和无烟煤。

（2）中生代的侏罗纪和白垩纪，成煤植物主要是裸子植物　主要煤种为褐煤和烟煤。

（3）新生代的第三纪，成煤植物主要是被子植物　主要煤种为褐煤，其次为泥炭，也有部分年轻烟煤。

9.世界煤炭资源分布

煤炭是地球上蕴藏量最丰富，分布地域最广的化石燃料，也是最廉价的能源。根据世界能源委员会的评估，世界煤炭可采资源量达 4.84×10^{12} t标准煤，占世界化石燃料可采资源量的66.8%。

煤炭是世界上分布最广的化石能资源，在各大陆、大洋岛屿都有煤炭分布，但煤炭在全球的分布很不均衡，各个国家煤炭的储量也很不相同。主要分布在亚洲、北美洲和欧洲的中纬度地区，估计可开采总量在$8.60×10^{11}$t。中国、美国、俄罗斯是煤炭储量丰富的国家，也是世界上主要产煤国，其中中国是世界上煤产量最高的国家。

根据《世界能源统计年鉴2016》发布，世界煤炭资源储量排名前10位的国家有美国、俄罗斯、中国、澳大利亚、印度、德国、乌克兰、哈萨克斯坦、哥伦比亚和加拿大。

（1）美国 美国是世界上煤炭储量最多的国家，煤炭预估储量达到$2.37×10^{11}$t。美国煤炭储量占据世界总储量的27.6%。美国的煤炭储量分布均匀，东部多优质炼焦煤、动力煤和无烟煤，热值较高、灰分低，不过含硫量高；西部煤质相对较差，多为次烟煤和褐煤，热值低，但含硫量较低。

（2）俄罗斯 俄罗斯煤炭资源丰富、品种齐全。煤炭预估储量达到$1.57×10^{11}$t，占据世界总储量的18.2%。煤炭品种从长焰煤到褐煤，各类煤炭均有。其中炼焦煤储量大品种全，可以满足钢铁工业之需。主要的炼焦煤产地有库兹巴斯、伯朝拉、南雅库特和伊尔库茨克火煤田。

（3）中国 中国煤炭资源丰富，煤炭预估储量达到$1.15×10^{11}$t，占据世界总储量的13.3%。中国煤炭资源分布极不均衡，在中国北方的大兴安岭-太行山、贺兰山之间的地区，地理范围包括内蒙古、山西、陕西、宁夏、甘肃、河南6省区是中国煤炭资源集中分布的地区，其资源量占全国煤炭资源量的50%左右，占中国北方地区煤炭资源量的55%以上。在中国南方，煤炭资源量主要集中于贵州、云南、四川三省，这三省煤炭资源量占中国南方煤炭资源量的91.47%；探明保有资源量也占中国南方探明保有资源量的90%以上。国务院在2014年发布的《能源发展战略行动计划（2014—2020年）》中确定，将重点建设晋北、晋中、晋东、神东、陕北、黄陇、宁东、鲁西、两淮、云贵、冀中、河南、内蒙古东部、新疆等14个亿吨级大型煤炭基地。数据显示，2013年14个大型煤炭基

地产量 3.36×10^9t，占全国总产量的91%，这些基地已成为保障我国能源安全的基石。

（4）澳大利亚　煤炭预估储量达到 7.64×10^{10}t，占世界总储量的8.9%。澳大利亚煤种齐全，发热量高，硫分、灰分和氮含量低等特性，在环保要求日益严格的今天，澳煤在国际煤炭市场上极具竞争力。

（5）印度　煤炭预估储量达到 6.06×10^{10}t，占世界总储量的7%。像中国一样，煤炭资源是第一大消费能源。印度煤大部分是烟煤，灰分高、硫分低、含磷低。

（6）德国　煤炭预估储量达到 4.06×10^{10}t。这个国家煤炭生产总量的50%用于发电。

（7）乌克兰　煤炭预估储量达到 3.38×10^{10}t。煤炭储量主要集中在东部的3个煤炭基地。从2000年开始乌克兰煤炭开采量逐年下降。

（8）哈萨克斯坦　煤炭预估储量达到 3.36×10^{10}t，早在1984年就年产煤 1.26×10^8t。煤炭资源主要分布在北部。该国的煤层储存条件很好，2/3的煤炭储量埋藏深度在600米以内，可露天开采。煤炭工业的发展潜力较大。

（9）哥伦比亚　煤炭预估储量达到 6.75×10^9t。

（10）加拿大　煤炭预估储量达到 6.58×10^9t。

10. 煤炭的化学组成

从煤炭的组成来看，煤炭是由有机物质和无机物质混合组成的。构成煤炭的元素主要有碳（C）、氢（H）、氧（O）、氮（N）和硫（S）等，此外，还有极少量的磷（P）、氟（F）、氯（Cl）和砷（As）等元素。煤炭的含碳量很高，一般为46%～97%，煤炭是重要的燃料和化学工业原料。

碳、氢、氧是煤炭有机质的主体，占95%以上；煤化程度越深，碳的含量越高，氢和氧的含量越低。碳和氢是煤炭燃烧过程中产生热量的元素，氧是助燃元素。煤炭燃烧时，氮不产生热量，在高温下转变成氮氧化合物和氨，以游离状态析出。硫、磷、氟、氯和砷等是煤炭中的有害成分，其中以硫最为重要。煤炭燃烧时绝大部分的硫被氧化成二氧化硫（SO_2），随烟气排放，污染大气，危害动、植物生长及人类健康，腐蚀金属设备。当含硫多的煤炭用于冶金炼焦时，还影响焦炭和钢铁的质量。所以，"硫分"含量是评价煤质的重要指标之一。

煤炭中的无机物质含量很少，主要有水分和矿物质，它们的存在降低了煤炭的质量和利用价值。矿物质是煤炭的主要杂质，如硫化物、硫酸盐、碳酸盐等，其中大部分属于有害成分。

"灰分"是煤炭完全燃烧后剩下的固体残渣，是重要的煤质指标。灰分主要来自煤炭中不可燃烧的矿物质。矿物质燃烧灰化时要吸收热量，大量排渣要带走热量，因而灰分越高，煤炭燃烧的热效率越低；灰分越多，煤炭燃烧产生的灰渣越多，排放的飞灰也越多。一般来说，优质煤和洗精煤的灰分含量相对较低。

11. 煤炭的分类

煤炭的科学分类为煤炭的合理开发和利用提供了基础。按照2010年开始实施的《中国煤炭分类》（GB/T 5751—2009）标准体系，先根据干燥无灰基挥发分等指标，将煤炭分为无烟煤、烟煤和褐煤；对于褐煤和无烟煤，再分别按其煤化程度和工业利用的特点分为2个和3个小类；根据干燥无灰基挥发分及黏结指数等指标，将烟煤划分为贫煤、贫瘦煤、瘦煤、焦煤、肥煤、1/3焦煤、气肥煤、气煤、1/2中黏煤、弱黏煤、不黏煤及长焰煤。

（1）无烟煤

无烟煤（图2-2）是煤化程度最高的煤，含碳量高达90%～98%，含氢量较少，一般小于4%。外观呈黑至钢灰色，因其光泽强，又称白煤。其特点是挥发分低、相对密度大、硬度高、燃烧时烟少、火苗短、火力强。无烟煤通常作民用和动力燃料；质量好的无烟煤可作气化原料、高炉喷吹和烧结铁矿石的燃料以及作铸造燃料等；用优质无烟煤还可以制造碳化硅、碳粒砂、人造刚玉、人造石墨、电极、电石和碳素材料。

图2-2　无烟煤

（2）烟煤

烟煤（图2-3）燃烧时火焰较长而有烟，是煤化程度较大的煤。

图2-3　烟煤

外观呈灰黑色至黑色，粉末从棕色到黑色。由有光泽的和无光泽的部分互相集合成层状。该种煤含碳量为75%～90%，不含游离的腐殖酸。大多数具有黏结性，发热量较高。多数能结焦。可直接用作燃料，也用作炼焦、炼油、气化、低温干馏及化学工业等的原料。

根据干燥无灰基挥发分及黏结性等指标，烟煤又分为如下几种。

① 贫煤　是煤化程度最高的烟煤，受热时几乎不产生胶质体，所以叫贫煤。含碳量高达90%～92%，燃点高，火焰短，发热量高持续时间长，主要用于动力和民用。

② 贫瘦煤　煤化程度高，黏结性较差、挥发分低的烟煤。结焦性低于瘦煤。

③ 瘦煤　是煤化程度最高的炼焦用煤。特性和贫煤一样，区别是加热时产生少量的胶质体，能单独结焦。因胶质体少，所以称瘦煤。灰融性差，多用于炼焦配煤。

④ 焦煤　是结焦性最好的炼焦煤，也称主焦煤。挥发分大于10%～28%，大多能单独炼焦。由于黏结性强，能炼出块度大、强度高、裂纹少的优质焦炭，是炼焦的最好原料。

⑤ 肥煤　中等煤化程度的烟煤，高于气煤。挥发分大于10%～37%，胶质层最大厚度大于25mm，软化温度低，有很强的黏结能力，是配煤炼焦的重要成分。主要用于炼焦，单独炼焦产生较多的横裂纹。

⑥ 1/3焦煤　介于焦煤、肥煤与气煤之间的含中等或较高挥发分的强黏结性煤。单独炼焦时，能产生强度较高的焦炭，是配煤炼焦的重要煤种。

⑦ 气肥煤　挥发分高、黏结性强的烟煤。单独炼焦时，能产生大量的煤气和胶质体，但不能生产强度高的焦炭，并产生较多的纵裂纹。

⑧ 气煤　是煤化程度最低的炼焦煤，干燥无灰基挥发分大于28%～37%，胶质层最大厚度不大于25mm，隔尽空气加热能产生大量煤气和焦油。主供炼焦，也作为动力煤和气化用煤。煤质多低

灰低硫，可选性好，是我国炼焦煤中储量最多的一种。

⑨ 1/2中黏煤　黏结性介于气煤和弱粘煤之间的、挥发分范围较宽的烟煤。部分生产化工焦的企业配用该煤种。

⑩ 弱黏煤　黏结性较弱，煤化程度较低的煤，介于炼焦煤和非炼焦煤之间，结焦性较差，低灰低硫高热量，可选性较好。弱黏煤价格低，为合理利用煤资源，通过优化配煤方案，在炼焦煤中配入适量的弱黏煤，不但可降低焦炭灰分、硫分，生产所需要的焦炭，还可节约稀缺的炼焦煤资源，从而实现降本增效。弱黏煤主要作动力煤和民用。

⑪ 不黏煤　挥发分相当于肥煤和气肥煤，但几乎没有黏结性，水分高，发热量低，主要作动力煤。

⑫ 长焰煤　煤化程度仅高于褐煤的最年轻烟煤，挥发分高，水分高，不粘，主要是发电和其他动力用煤。

（3）褐煤

褐煤（图2-4）又名柴煤，是煤化程度最低的煤，一种介于泥炭与沥青煤之间的棕黑色、无光泽的低级煤。剖面上可以清楚地看出原来木质的痕迹。褐煤含碳量60%～77%。其特征是高水分、高氧含量（15%～30%），并含有一些腐殖酸。褐煤高水分、高挥发分，所以易于燃烧并冒烟。褐煤发热量低，热稳定性差，化学反应性强，在空气中容易风化，不易储存和运输。主要是发电和动力用煤。也可作化工原料、催化剂载体、吸附剂、净化污水和

图2-4　褐煤

回收金属等。褐煤低温干馏焦油回收率高，是直接液化工艺的重要煤种。

12. 煤炭可以做什么？

煤炭，中国古代称"石炭""乌薪""黑金""燃石"等。中国是世界上最早利用煤炭的国家。最早记载煤炭的名称和产地的著作是战国时期的《山海经》。《汉书·地理志》上也记载："豫章郡出石可燃，为薪。"说明煤炭已用于江西南昌附近人民的日常生活中。

1975年，根据对河南郑州古荥镇冶铁遗址的挖掘，发现当地从西汉中叶至东汉前期，是以煤炭为燃料冶铁的。北魏地理学家郦道元在《水经注·河上》篇中第一次在文献中记载用煤炭冶铁。三国时期的曹操在邺都兴建冰井台，井深50m，贮煤数十万千克。南北朝时我国北方家庭已广泛使用煤炭取暖、烧饭，唐朝时我国南方也广泛使用煤炭了。宋朝时，煤炭在京都汴梁已是家用燃料，庄季裕在《鸡肋篇》云"数百万家，尽仰石炭，无一家燃薪柴火者"即是明证。元朝时，意大利旅行家马可·波罗看到中国用煤盛况，并在他写的《马可·波罗游记》一书中作了记载，致使欧洲人把煤当成奇闻传颂。

明朝时，煤炭已是冶铁的主要燃料。著名科学家宋应星在他的《天工开物》一书中就有关于"冶铁"的记载，提到用煤的约为十分之七。他还记述了当时采煤时以长竹筒伸向井底以排除毒气的方法。

中国宋朝时已用焦炭炼铁，1961年在广东新会县发掘出的南宋炼铁遗址中，除发现有炉渣、石灰石、铁矿石外，还发现焦炭。目前所知，这是世界上用焦炭炼铁的最早实例，说明中国用煤炼焦，比欧洲早了500多年。

希腊和古罗马也是用煤较早的国家，希腊学者泰奥弗拉斯托斯在公元前约300年著有《石史》，其中记载有煤的性质和产地；古罗马大约在2000年前已开始用煤加热。

　　煤炭被人们誉为黑色的金子，它是18世纪以来人类世界使用的主要能源之一。18世纪末，随着蒸汽机的发明和使用，煤炭被广泛地用作工业生产的燃料，给社会带来了前所未有的巨大生产力，推动了工业的向前发展，随之发展起煤炭、钢铁、化工、采矿、冶金等工业。煤炭热量高，标准煤的发热量为29270kJ/kg。而且煤炭在地球上的储量丰富，分布广泛，一般也比较容易开采，因而被广泛用作各种工业生产中的燃料。煤炭又是珍贵的化工原料，在国民经济的发展中起着重要作用。根据其使用目的总结为三大主要用途，即燃烧、炼焦以及煤化工。

　　煤炭是人类的重要能源资源，任何煤都可作为工业和民用燃料。主要包括如下方面。① 发电用煤，中国约1/3以上的煤用来发电，平均发电耗煤为标准煤370g/（kW·h）左右。电厂利用煤的热值，把热能转变为电能。② 蒸汽机车用煤，占动力用煤3%左右，蒸汽机车锅炉平均耗煤指标为100kg/（10^4t·km）左右。③ 建材用煤，约占动力用煤的13%以上，以水泥用煤量最大，其次为玻璃、砖、瓦等。④ 一般工业锅炉用煤，除热电厂及大型供热锅炉外，一般企业及取暖用的工业锅炉型号繁多，数量大且分散，用煤量约占动力煤的26%。⑤ 生活用煤，生活用煤的数量也较大，约占燃料用煤的23%。⑥ 冶金用动力煤，冶金用动力煤主要为烧结和高炉喷吹用无烟煤，其用量不到动力用煤量的1%。

　　把煤炭置于干馏炉中，隔绝空气加热，煤炭中有机质随温度升高逐渐被分解，其中挥发性物质以气态或蒸气状态逸出，成为焦炉煤气和煤焦油，而非挥发性固体剩留物即为焦炭。一般1.3t左右的焦煤才能炼1t焦炭。焦炭多用于炼钢，是钢铁等行业的主要生产原料，被喻为钢铁工业的"基本食粮"。大多数国家的焦炭90%以上用于高炉炼铁，炼铁高炉采用焦炭代替木炭，为现代高炉的大型化奠定了基础，是冶金史上的一个重大里程碑。焦炉煤气是一种燃料，也是重要的化工原料。

　　煤炭不仅是一种可以用作燃料或工业原料的矿物，也是获得有机化合物的源泉。通过煤焦油的分馏可以获得各种芳香烃；通过煤炭的直接或间接液化，可以获得燃料油及多种化工原料。

近年来，人们为了找到高效、洁净利用煤炭的途径，开发出了多联产技术。多联产技术是以煤气化技术为"龙头"的多种煤炭转化技术，通过优化组合集成在一起，以获得多种高附加值的化工产品和多种洁净的二次能源（气体燃料、液体燃料、电等）。如以煤炭气化为中心，将煤转换成合成气，再将合成气用于联合循环发电，可以获得比常规燃煤发电更高的能源利用效率。多联产、洁净化技术是实现煤基洁净能源的有竞争力的途径。

多联产的原理是将煤气化转为气，不仅可以发电，还可以做出很多宝贵的化工产品，如醋酸、二甲醚、乙醇和甲醇等。多联产相当于把发电和化工两个过程耦合起来，能量利用效率可以提高10%～15%，同时降低了发电成本，实现经济效益的最大化。

13. 什么是煤化工？

煤化工是指以煤为原料，经化学加工使煤转化为气体、液体和固体燃料以及化学品的过程。煤的气化、液化、焦化，煤的合成气化工、焦油化工和电石乙炔化工等，都属于煤化工的范畴。煤化工技术路线如图2-5。

全球煤化工开始于18世纪后半叶，19世纪形成了完整的煤化工体系。在煤化工可利用的生产技术中，炼焦是应用最早的工艺，并且至今仍然是化学工业的重要组成部分。煤的气化在煤化工中占有重要地位，用于生产各种气体燃料，是洁净的能源，有利于提高人民生活水平和环境保护；煤气化生产的合成气是合成液体燃料、化工原料等多种产品的原料。煤直接液化即煤高压加氢液化，可以生产人造石油和化学产品。

（1）煤干馏技术

煤干馏是指煤在隔绝空气条件下加热、分解，生成焦炭（或

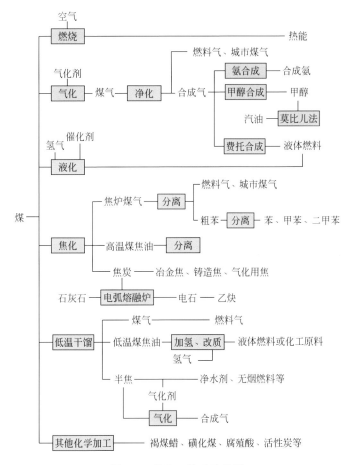

图2-5 煤化工技术路线图

半焦)、煤焦油、粗苯、煤气等产物的过程。此过程按加热最终温度的不同,可分为3种干馏方式:温度为900~1100℃称为高温干馏,即焦化;温度为700~900℃称为中温干馏;温度为500~600℃称为低温干馏,干馏技术是煤化工的重要过程之一。

　　煤干馏主要过程如下:当煤料的温度高于100℃时,煤中的水分开始蒸发;温度升高至200℃以上时,煤中结合水释放出来;温度在350℃以上时，黏结性煤开始软化，并进一步形成黏稠的胶质体（泥煤、褐煤等不发生此现象）；至400～500℃大部分煤气和焦油析出，称一次热分解产物；在450～550℃，热分解继续进行，残留物逐渐变稠并固化形成半焦；高于550℃，半焦继续分解，析出余下的挥发物（主要成分是氢气），半焦失重同时进行收缩，形成裂纹；温度高于800℃，半焦体积缩小变硬形成多孔焦炭。

煤干馏的产物是焦炭、煤焦油和煤气。煤干馏产物的产率和组成取决于原料煤质、炉结构和加工条件（主要是温度和时间）。随着干馏终温的不同，煤干馏产品也不同。低温干馏固体产物为结构疏松的黑色半焦；中温干馏的主要产品是城市煤气；高温干馏产物一般为焦炭、焦油、粗苯和煤气等。

（2）煤炭液化技术

煤炭液化是把固体煤炭通过化学加工过程，使其转化成为液体燃料、化工原料和产品的先进洁净煤技术。根据不同的加工路线，煤炭液化可分为直接液化和间接液化两大类。

煤炭的直接液化是指将煤（尤其是烟煤）磨碎成细粉后，和溶剂油制成煤浆，然后在高温（400℃以上）、高压（10MPa以上）和催化剂存在的条件下使煤的分子进行裂解加氢，使煤直接转化成汽油、柴油等液体燃料，又称加氢液化。

煤炭直接液化技术是由德国化学家弗里德里希·柏吉斯（Friedrich Bergius）于1913年发明的，因其在化学高压领域的贡献，1931年获得诺贝尔化学奖。德国在二战期间实现了工业化生产，先后有12套煤炭直接液化装置建成投产，到1944年，德国煤炭直接液化工厂的油品生产能力已达到423万吨/年。二战后，中东地区大量廉价石油的开发，煤炭直接液化工厂失去竞争力并关闭。

20世纪70年代初期，由于世界范围内的石油危机，煤炭液化技术又开始活跃起来。日本、德国、美国等工业发达国家，在原有基础上相继研究开发出一批煤炭直接液化新工艺，其中的大部分研究工作重点是降低反应条件的苛刻度，从而达到降低煤液化油生产成本的目的。

从2003年起，世界对煤制油的热情，因为油价的上升而重新燃起。目前，在全球范围内，主要有十多个国家正在展开煤液化的商业化研究。主要国家有美国、中国、印度、德国、澳大利亚、印尼、日本、南非。目前在进行煤制油规模化生产尝试的国家还有马来西亚、巴西等国家，但没有一个国家能超过百万吨的生产能力。

2008年12月30日，目前世界最大的煤制油项目（建设总规模为500万吨/年）——神华集团鄂尔多斯煤炭直接液化示范工程（图2-6），在内蒙古鄂尔多斯投煤试车成功。该项目的成功建成，标志着我国已成为世界上首个建成大规模工业化煤炭直接制油项目的国家，验证了我国自主开发的煤炭直接液化技术在世界上处于领先地位。

图2-6　鄂尔多斯煤炭直接液化示范工程

煤炭间接液化技术是以煤炭为原料，先气化制成合成气（一氧化碳和氢气的混合物），然后以煤基合成气为原料，在一定温度和压力下，通过催化剂作用将合成气转化成烃类燃料、醇类燃料和化学品的过程。又称一氧化碳加氢法。

煤炭间接液化工艺流程主要包括煤气化、粗煤气净化、合成及产品分离与改质等部分，如图2-7。

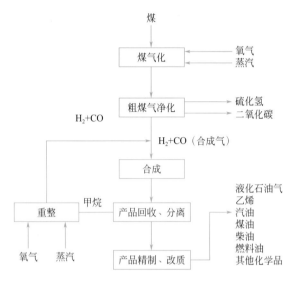

图2-7 煤炭间接液化典型工艺流程

煤炭间接液化可分为高温合成与低温合成两类工艺。高温合成得到的主要产品有石脑油、丙烯、α-烯烃和$C_{14} \sim C_{18}$烷烃等，这些产品可以用作生产石化替代产品的原料，如石脑油馏分制取乙烯、α-烯烃制取高级洗涤剂等，也可以加工成汽油、柴油等优质发动机燃料。低温合成的主要产品是柴油、航空煤油、蜡和液化石油气（LPG）等。煤炭间接液化制得的柴油十六烷值可高达70，是优质的柴油调兑产品。

2016年12月28日，全球单套规模最大的煤制油项目神华宁煤集团400万吨／年煤间接液化示范项目（图2-8）正式投产。该项目承担着国家37项重大技术、装备及材料的国产化任务，打破了国外对煤制油化工核心技术的长期垄断，探索出了科技含量高、附加值高、产业链长的煤炭深加工产业发展模式。

图2-8　神华煤制油项目

（3）煤炭气化技术

煤炭的气化是指将煤与气化剂反应，使煤中的有机部分完全转化为煤气的过程。煤炭气化技术是一种将煤转换成可燃气体的化工技术，是国家新型能源战略攻关技术，是国家提倡的洁净煤技术。

煤炭气化是指煤在特定的设备内，在一定温度及压力下使煤中有机质与气化剂（如蒸汽/空气或氧气等）发生一系列化学反应，将固体煤转化为含有CO、H_2、CH_4等可燃气体和CO_2、N_2等非可燃气体的工艺过程。进行气化的设备称为煤气发生炉或气化炉，气化时所得的可燃气体称为煤气，可做化工原料用的合成气。

煤炭气化包含一系列物理、化学变化。一般包括干燥、燃烧、热解和气化4个阶段。气化反应包括很多的化学反应，主要是碳、水、氧、氢、一氧化碳、二氧化碳相互间的反应，其中碳与氧的反应又称燃烧反应，提供气化过程的热量。主要反应如下。

① 水蒸气转化反应

$$C+H_2O \Longrightarrow CO+H_2-131kJ/mol$$

② 水煤气变换反应

$$CO+H_2O \Longrightarrow CO_2+H_2+42kJ/mol$$

③ 部分氧化反应

$$C+0.5O_2 \Longrightarrow CO+111kJ/mol$$

④ 完全氧化（燃烧）反应

$$C+O_2 \Longrightarrow CO_2+394kJ/mol$$

⑤ 甲烷化反应

$$CO+3H_2 \Longrightarrow CH_4+H_2O+74kJ/mol$$

⑥ 鲍多尔德反应（Boudouard 反应）

$$C+CO_2 \Longrightarrow 2CO-172kJ/mol$$

煤炭气化技术广泛应用于下列领域。

① 作为工业燃气 一般热值为4605～5651kJ 的煤气，采用常压固定床气化炉、流化床气化炉均可制得。主要用于钢铁、机械、卫生、建材、轻纺、食品等部门，用以加热各种炉、窑，或直接加热产品或半成品。

② 作为民用煤气 与直接燃煤相比，民用煤气不仅可以明显提高用煤效率和减轻环境污染，而且能够极大地方便人民生活，具有良好的社会效益与环境效益。

③ 作为化工合成和燃料油合成原料气 早在第二次世界大战时，德国等就采用费托工艺（Fischer-Tropsch）合成航空燃料油。随着合成气化工和碳一化学技术的发展，以煤气化制取合成气，进

而直接合成各种化学品的路线已经成为现代煤化工的基础，主要包括合成氨、合成甲烷、合成甲醇、醋酐、二甲醚以及合成液体燃料等。

④ 作为冶金还原气　煤气中的 CO 和 H_2 具有很强的还原作用。在冶金工业中，利用还原气可直接将铁矿石还原成海棉铁；在有色金属工业中，镍、铜、钨、镁等金属氧化物也可用还原气来冶炼。

⑤ 作为联合循环发电燃气　整体煤气化联合循环发电（简称 IGCC）是指煤在加压下气化，产生的煤气经净化后燃烧，高温烟气驱动燃气轮机发电，再利用烟气余热产生高压过热蒸汽驱动蒸汽轮机发电。

⑥ 做煤炭气化燃料电池　燃料电池是由 H_2、天然气或煤气等燃料（化学能）通过电化学反应直接转化为电的化学发电技术。目前主要有磷酸盐型（PAFC）、熔融碳酸盐型（MCFC）、固体氧化物型（SOFC）等。它们与高效煤气化结合的发电技术就是 IG-MCFC 和 IG-SOFC，其发电效率可达53%。

⑦ 煤炭气化制氢　氢气广泛地用于电子、冶金、玻璃生产、化工合成、航空航天、煤炭直接液化及氢能电池等领域，目前世界上96%的氢气来源于化石燃料转化。而煤炭气化制氢起着很重要的作用，一般是将煤炭转化成 CO 和 H_2，然后通过变换反应将 CO 转换成 H_2 和 H_2O，将富氢气体经过低温分离或变压吸附及膜分离技术，即可获得氢气。

⑧ 煤炭液化的气源　不论煤炭直接液化还是间接液化，都离不开煤炭气化。煤炭液化需要煤炭气化制氢，而可选的煤炭气化工艺同样包括固定床加压 Lurgi 气化、加压流化床气化和加压气流床气化工艺。

总之，煤的气化在煤化工中占有重要地位，不仅可用于生产各种气体燃料，是洁净的能源，有利于提高人民生活水平和环境保护；煤气化生产的合成气又是合成液体燃料、化工原料等多种产品的原料。

煤化工包括传统煤化工和新型煤化工。传统的涉及煤焦化、煤电石、煤合成氨（化肥）等领域。新型煤化工以生产洁净能源和可替代石油化工的产品为主，如柴油、汽油、航空煤油、液化石油气、乙烯原料、聚丙烯原料、替代燃料（甲醇、二甲醚）等，它与能源、化工技术结合，可形成煤炭-能源化工一体化的新兴产业。我国煤炭资源丰富，煤种齐全，发展新型煤化工可以部分代替石化产品，对于保障国家能源安全具有重要的战略意义。

14. 煤焦化产业链是怎样的？

煤炭焦化又称煤炭高温干馏。以煤炭为原料，在隔绝空气条件下，加热到950℃左右，经高温干馏生产焦炭，同时获得煤气、煤焦油并回收其它化工产品的一种煤转化工艺。

为保证焦炭质量，选择炼焦用煤的最基本要求是挥发分、黏结性和结焦性；绝大部分炼焦用煤必须经过洗选，以保证尽可能低的灰分、硫分和磷含量。选择炼焦用煤时，还必须注意煤在炼焦过程中的膨胀压力。用低挥发分煤炼焦，由于其胶质体黏度大，容易产生高膨胀压力，会对焦炉砌体造成损害，需要通过配煤炼焦来解决。

煤经焦化后的产品有焦炭、煤焦油、煤气和化学产品三类。

（1）焦炭

炼焦最重要的产品，大多数国家的焦炭90%以上用于高炉炼铁，其次用于铸造与有色金属冶炼工业，少量用于制取碳化钙、二硫化碳、元素磷等。在钢铁联合企业中，焦粉还用作烧结的燃料。焦炭也可作为制备水煤气的原料和用于制取合成用的原料气。

（2）煤焦油

焦化工业的重要产品，其产量占装炉煤的3%～4%，其组成极为复杂，多数情况下是由煤焦油工业专门进行分离、提纯后加以利用。

（3）煤气和化学产品

氨的回收率占装炉煤的0.2%～0.4%，常以硫酸铵、磷酸铵或浓氨水等形式作为最终产品。粗苯回收率约占煤的1%。其中苯、甲苯、二甲苯都是有机合成工业的原料。硫及硫氰化合物的回收，不但为了经济效益，也是为了环境保护的需要。经过净化的煤气属中热值煤气，发热量为$17500kJ/m^3$左右，每吨煤约产炼焦煤气$300～400m^3$，其质量占装炉煤的16%～20%，是钢铁联合企业中的重要气体燃料，其主要成分是氢和甲烷，可分离出供化学合成用的氢气和代替天然气的甲烷。

焦炭的主要用途是炼铁，少量用作化工原料制造电石、电极等。煤焦油是黑色黏稠性的油状液体，其中含有苯、酚、萘、蒽、菲等重要化工原料，它们是医药、农药、炸药、染料等行业的原料，经适当处理可以一一加以分离。此外还可以从煤焦油中分离出吡啶和喹啉，以及马达油和建筑、铺路用的沥青等。煤焦油中所含环状有机物可以说是煤的"碎片"，从煤焦油中分离鉴定的化合物已有400余种。从炼焦炉出来的气体，温度至少在700℃以上，其中除了含有可燃气体一氧化碳（CO）、氢气（H_2）、甲烷（CH_4）之外，还有乙烯（C_2H_4）、苯（C_6H_6）、氨（NH_3）等。在上述气体冷却的过程中氨气溶于水而成氨水，进而可加工成化肥；苯等芳烃化合物不溶于水而冷凝为煤焦油。总之，煤经过焦化加工，使其中各成分都能得到有效利用，而且用煤气作燃料要比直接烧煤干净得多。

15. 煤炭燃烧会带来哪些危害？

煤炭在中国能源结构中占有重要地位。煤炭作为燃料燃烧会造成危害吗？

首先，煤炭作为燃料燃烧会造成大气污染是肯定的。煤炭燃烧时会排放出烟气、粉尘、二氧化硫和氮氧化物等一次污染物，以及这些污染物经化学反应生成的二次污染物，包括硫酸、硫酸盐类的气溶胶等。主要污染源为工业企业烟气排放物，其次，家庭炉灶的排放物也起重要作用。燃煤引起的污染被称为煤烟型污染。那么燃煤为什么会造成大气污染呢？

煤炭的化学属性决定了煤烟型污染的特性。煤炭是一种复杂的固体燃料，从煤化学观点出发，煤炭可分为有机组分和无机组分两部分。有机组分是由碳（C）、氢（H）、氧（O）、氮（N）、硫（S）等元素组成的高分子有机化合物，是煤炭的主要组成部分。无机组分包括矿物质和水分，矿物质是煤炭中的无机组分，它是除水分外的所有无机质的总称。一般是由各种硅酸盐矿物、碳酸盐矿物、硫酸盐矿物、金属硫化物矿物和硫酸亚铁矿物等组成的。伴随着煤炭的燃烧过程，其中的硫、氮等成分将发生复杂的分解/氧化反应，形成不同的硫、氮污染产物及烟尘和微量重金属的排放。

据有关资料统计，原煤含硫量在 0.5% ～ 5%、可燃硫在 80%、除尘效率在 90% 时，燃煤锅炉燃烧 1t 原煤，各种污染物的排放量是：二氧化硫 8 ～ 80kg；一氧化碳 0.23 ～ 22.7kg；二氧化氮 3.6 ～ 9kg；碳氢化合物 0.1 ～ 5kg；颗粒物烟尘在锅炉燃烧较好的工况下为 3 ～ 9kg，一般燃烧的工况下为 11kg；苯并芘为 2.7×10^{-7}kg。

中国是世界煤炭生产和消费第一大国。以煤炭为主的能源结构支撑了中国经济的高速发展，但同时也对生态环境造成了严重的破坏。国际环保机构自然资源保护协会（NRDC）2014 年 10 月发布的中国《煤炭使用对大气污染的"贡献"》研究报告指出：我国因煤炭消费而产生二氧化硫、氮氧化物、烟粉尘、一次 $PM_{2.5}$ 和汞等主要的大气污染物占比超过 50%；其中，煤炭消费对 $PM_{2.5}$ 年均浓度的"贡献"在 50% ～ 60%。研究指出，为了实现空气质量的有效改善、$PM_{2.5}$ 浓度的降低和达标，我国还需要进一步大幅降低与煤炭使用过程相关的大气污染物排放量。

煤炭燃烧产生的污染物主要通过呼吸道进入人体内，对人体健康造成急性和慢性危害。如燃煤产生的颗粒物和粉尘污染，和其他粉尘污染物一样，粒径在10μm以上的颗粒物大都随着自然界风的变化降落到地面，环境学称为降尘。粒径在10μm以下的称PM_{10}，可以长期在大气中飘荡，所以称为飘尘。其中粒径在2.5μm以下的细粒子（称$PM_{2.5}$）对人体的危害最大，可以通过人的呼吸气管直入肺泡沉积，并可进入血液循环到全身，发生肺气肿和支气管哮喘等病症。再如，二氧化硫是煤烟型污染的主要污染物，长期吸入能刺激腐蚀人体呼吸器官。天长日久，可以引起慢性鼻咽炎、慢性气管炎、支气管炎等病症，并使人的抵抗力降低，使患感冒和上呼吸道等疾病的人增多。另外二氧化硫与空气中的水蒸气作用，还可形成酸雾，它的毒性比二氧化硫大10倍。酸雾在高空与颗粒物作用，还可形成危害人类和植物的酸雨（图2-9），这是世界工业发达国家发生酸雨后证实的一项公害。

图2-9 酸雨的形成

"我国煤烟型大气污染对人群健康危害的定量研究"是国家"九五"环保科技攻关专题之一。此研究采用环境流行病学、环境化学、污染气象学相结合的研究方法,通过建立暴露浓度数学模型和大气颗粒物源解析确定燃煤污染物暴露水平,并定量研究其对人群健康危害程度的技术方法,获得了大气环境常规监测资料不能得到的燃煤大气污染物 PM_{10}、$PM_{2.5}$、B(a)P 等的人群历史暴露水平、燃煤对大气污染物的贡献率及煤烟型大气污染的现状污染水平;确定了燃煤污染物对人群健康危害的影响程度。此项目主要研究结果如下。

(1)颗粒物源解析研究发现,在调查地区燃煤、土壤、建材、交通、冶金和燃油 6 种污染源中,燃煤对大气颗粒物的贡献率最大,为 33%~35%;在燃煤颗粒物 TSP 中 PM_{10}、$PM_{2.5}$ 所占比例分别为 82% 和 63%,且 B(a)P、砷、镉、铬等严重危害人体健康的有害物质的 70%~80% 富集在 PM_{10} 和 $PM_{2.5}$ 颗粒物中。

(2)重度污染区成人发生呼吸系统症状和阻塞性肺部疾病的危险性分别是相对清洁区成人的 1.7 倍和 1.5 倍。重度污染区小学生发生呼吸系统症状和疾病的危险性分别是相对清洁区小学生的 2.3 倍和 2.6~5.7 倍。

(3)大气污染综合指数增加一个单位,小学生患哮喘的危险性增加 3.98 倍;ln[$PM_{2.5}$]升高一个单位,小学生呼吸系统大、小气道通气量分别降低 194mL 和 172mL;ln[SO_2]升高一个单位,小学生呼吸系统大、小气道通气量分别降低 69mL 和 119mL。

(4)煤烟型大气污染对小学生的非特异性免疫和体液免疫产生了一定的影响,同时对小学生心电图和外周血淋巴细胞微核形成也有一定影响。

(5)随着燃煤污染程度的加重,孕产妇不良妊娠结局发生率有上升趋势。重度污染水平地区不良妊娠结局中的先天畸形、死胎发生率分别是轻度污染水平地区的 2.2 倍和 3.6 倍。

(6)建议在煤烟型大气污染治理中,对 TSP 特别是可吸入颗粒物应予以优先考虑。

16. 什么是洁净煤技术？

煤炭是主要的能源，但煤炭的开发利用也严重污染了人们赖以生存的环境，因此煤炭的清洁开发和利用是摆在全人类面前的紧迫问题。煤炭能成为清洁的能源吗？

洁净煤（clean coal）一词是20世纪80年代初，美国和加拿大关于解决两国边境酸雨问题谈判的特使德鲁·刘易斯（Drew Lewis，美国）和威廉姆·戴维斯（William Davis，加拿大）提出的。洁净煤技术（clean coal technology，简称CCT）是指煤炭开发和利用过程中，旨在减少污染和提高效率的煤炭开采、加工、燃烧、转化和污染控制等一系列新技术的总称。是当今各国解决环境问题的主导技术之一，也是高新技术国际竞争的一个重要领域。

洁净煤技术包括两个方面：一是直接烧煤洁净技术，二是煤转化为洁净燃料技术。

（1）直接烧煤洁净技术是在直接烧煤的情况下需要采用的技术措施

① 燃烧前的净化加工技术，主要是洗选、型煤加工和水煤浆技术　选煤是洁净煤技术的基础，是源头技术。煤炭分选技术可以大大减少煤中的灰分和硫分。选煤分为物理选煤、化学选煤和生物选煤三部分。常规的选煤方法可脱除60%灰分和30%～60%黄铁矿硫（燃烧时SO_x的主要来源）。化学和生物选煤方法可脱除90%的黄铁矿硫和有机硫。煤炭经洗选可大大提高燃烧效率，如电厂粉煤锅炉燃烧原煤的效率一般为28%左右，而燃洗精煤可达35%。选煤是一项最经济有效的控制烟尘和二氧化硫污染的技术。

型煤是用一种或数种煤粉与一定比例的黏结剂或固硫剂在一定压力下加工形成的，具有一定形状和强度的煤炭产品。型煤加工是把散煤加工成型煤，由于成型时加入石灰固硫剂，可减少二氧化硫排放，减少烟尘，还可节煤。

水煤浆是利用煤炭作为主要原料，使用浮选精煤或水洗煤进行研磨加工、细化，再辅以27%～35%的水和约1%的化学添加剂，经过多道严密工序，层层筛除煤炭中不能充分燃烧的成分及产生污染的硫、灰等杂质，只将炭本质留下来，制出性能像油的水煤浆成品。

水煤浆具有浓度高、流变性好、耐储存等特点。它能像油一样泵送、雾化燃烧，燃烬率能达到98%以上，只产生极少的灰渣。水煤浆用储罐进行运输和储存，避免了运输和储存过程中的污染，并减少了储存时的占地面积，无论储存还是排放指标均能达到国家一类地区的环保要求。在我国丰富煤炭资源的保障下，水煤浆也已成为替代油、气等能源的最基础、最经济的洁净能源。

② 燃烧中的净化燃烧技术，主要是流化床燃烧技术和先进燃烧器技术　流化床又叫沸腾床，有泡床和循环床两种。由于燃烧温度低可减少氮氧化物排放量，煤中添加石灰可减少二氧化硫排放量，炉渣可以综合利用，能烧劣质煤，这些都是它的优点；先进燃烧器技术是指改进锅炉、窑炉结构与燃烧技术，减少二氧化硫和氮氧化物的排放技术。

③ 燃烧后的净化处理技术，主要是消烟除尘和脱硫脱硝技术　消烟除尘技术有离心分离除尘、洗涤式除尘、袋式过滤除尘及静电除尘等。静电除尘器效率最高，可达99%以上，是电厂通常采用的技术。脱硫有干法和湿法两种，干法是用浆状石灰喷雾与烟气中二氧化硫反应，生成干燥颗粒硫酸钙，用集尘器收集；湿法是用石灰水淋洗烟尘，生成浆状亚硫酸钙排放。它们脱硫效率可达90%。

煤炭燃烧会产生二氧化硫、氮氧化物和粉尘等污染物，通过洁净煤技术，一般可以除去烟气中92%以上的二氧化硫，90%以上的氮氧化物和99%以上的粉尘颗粒。

在脱硫方面，燃中处理一般采用循环流化床燃烧技术，这是一项近20年发展起来的清洁煤燃烧技术。脱二氧化硫的原理与步骤如图2-10。

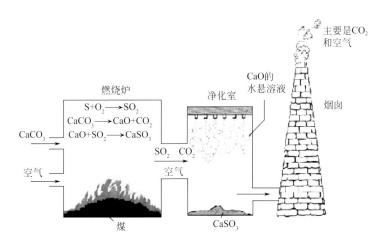

图2-10 脱二氧化硫的步骤

循环流化床燃烧技术采用炉内燃烧脱硫工艺，以石灰石为脱硫吸收剂。燃煤和石灰石自锅炉燃烧室下部送入，一次风从布风板下部送入，二次风从燃烧室中部送入，石灰石受热分解为氧化钙和二氧化碳。气流使燃煤、石灰颗粒在燃烧室内强烈扰动形成流化床，燃煤烟气中的 SO_2 与氧化钙接触发生化学反应被脱除。这种技术脱硫率可达 $80\% \sim 95\%$，且成本相对较低。

湿法烟气脱硫技术是在锅炉排放尾气端，安装一个特别的脱硫装置。在这个装置里，水雾状碱性的熟石灰水由上往下喷出，与尾气中的 SO_2 发生反应达到脱硫的目的。湿法脱硫不仅是一种高效的脱硫方式，可以除去尾气中 95% 的 SO_2，而且生成的亚硫酸钙也能收集提纯，成为有用的化工原料。

在除硝方面，空气分段燃烧技术是在燃烧初期阶段通过缺氧燃烧，煤炭中的氮元素会转化为无害的氮气，而不会变成氮氧化物。然后才在炉膛内补入氧气，使煤炭得到充分燃烧，由此可以降低尾气中 $30\% \sim 40\%$ 的氮氧化物含量。

静电除尘是目前利用最为广泛的除尘方式，这种方式可以除去烟气中 95% 的粉尘颗粒。

（2）煤转化为洁净燃料技术主要有以下4种

① 煤的气化技术，有常压气化和加压气化两种　它是在常压或加压条件下，保持一定温度，通过气化剂（空气、氧气和蒸汽）与煤炭反应生成煤气，煤气中主要成分是一氧化碳、氢气、甲烷等可燃气体。用空气和蒸汽作气化剂，煤气热值低；用氧气作气化剂，煤气热值高。煤在气化中可脱硫除氮，排去灰渣，因此，煤气就是洁净燃料了。

② 煤的液化技术，有间接液化和直接液化两种　间接液化是先将煤气化，然后再把煤气液化，如煤制甲醇，可替代汽油，我国已有应用。直接液化是把煤直接转化成液体燃料，比如直接加氢将煤转化成液体燃料，或煤炭与渣油混合成油煤浆反应生成液体燃料，我国已开展规模化生产。

③ 煤气化联合循环发电技术　先把煤制成煤气，再用燃气轮机发电，排出高温废气烧锅炉，再用蒸汽轮机发电，整个发电效率可达45%。我国正在开发研究该技术。

④ 燃煤磁流体发电技术　当燃煤得到的高温等离子气体高速切割强磁场，就直接产生直流电，然后把直流电转换成交流电。发电效率可达50% ～ 60%。我国正在开发研究这种技术。

为了有效地控制SO_x、NO_x、温室效应气体、其他有害气体、固体和液体废料以及其它污染排放物的排放，1986年3月美国率先推出"洁净煤技术示范计划（CCTP）"。主要包含4个方面：一是先进的燃煤发电技术［整体煤气化联合循环发电（IGCC）、常压和增压流化床燃烧（PFBC）、燃料电池、磁流体、烟气燃气轮机］；二是污染物排放的有效控制装置（先进的烟气脱硫技术、先进的NO_x与SO_x联合脱除系统、低NO_x燃烧器、催化和非催化脱除NO_x系统、燃气和煤的再燃技术、吸附射流系统）；三是煤炭加工成洁净能源技术（选煤、煤加工、温和气化、气化、液化）；四是工业应用（冶金、水泥及造纸行业控制硫、氮、灰尘排放和烟气回收洗涤等）。欧共体国家的"兆卡计划"研究开发的项目有煤气化联合循环发电、煤和生物质及废弃物联合气化（或燃烧）、循环流化床燃烧、固体燃料气化与燃料电池联合循环技术等。日本的"新阳光计划"和"21世纪煤炭技术战略"近年来开始较大幅度增加煤炭的消费量，发展洁净煤技术成为热点。正在开发的项目包括：① 提高煤炭利用效率的技术，如IGCC、CFBC和PFBC；② 脱硫、脱氮技术，如先进的煤炭分选技术、氧燃烧技术、先进的废烟处理技术、先进的焦炭生产技术等；③ 煤炭转化技术，如煤炭直接液化、加氢气化、煤气化联合燃料电池和煤的热解等；④ 粉煤灰的有效利用技术。

煤炭在我国一次能源消费结构中占到70%，未来几十年，煤炭在能源消费中的主导作用不会改变，大力发展洁净煤技术有更重要意义。随着国家宏观发展战略的转变，洁净煤技术作为可持续发展和实现两个根本转变的战略措施之一，得到政府的大力支持。1995年国务院成立了"国家洁净煤技术推广规划领导小组"，组织制定了《中国洁净煤技术"九五"计划和2010年发展纲要》，并于1997年6月获国务院批准。2014年《国务院办公厅关于印发能源发展战略行动计划（2014—2020年）的通知》（国办发〔2014〕31号）和《关于促进煤炭安全绿色开发和清洁高效利用的意见（国能煤炭〔2014〕571号）》发布，国家能源局于2015年4月27日印发《煤炭清洁高效利用行动计划（2015—2020年）》。

中国发展洁净煤技术的目标：一是减少环境污染，如SO_2、NO_x、煤矸石、粉尘、煤泥水等；二是提高煤炭利用效率，减少煤炭消费；三是通过加大转化，改善终端能源结构。

中国已将发展洁净煤技术列入《中国21世纪议程》，并根据中国煤炭消费呈现多元化格局的特点，本着环境与发展的协调统一，环境效益与经济效益并重，以及发展洁净煤技术要覆盖煤炭开发利用的全过程等原则，提出了符合中国国情，具有中国特色的洁净煤技术框架体系。中国洁净煤技术计划框架涉及煤炭加工、煤炭高效洁净燃烧、煤炭转化、污染排放控制与废弃物处理4个领域，包括14项技术。① 煤炭加工领域，包括选煤、型煤、配煤、水煤浆技术；② 煤炭的高效洁净燃烧技术领域，包括先进的燃烧器、流化床燃烧（FBC）技术、整体煤气化联合循环发电技术；③ 煤炭转化领域，包括煤炭气化、煤炭液化、燃料电池；④ 污染排放控制与废弃物处理领域，包括烟气净化，煤层气的开发利用，煤矸石、粉煤灰和煤泥的综合利用，工业锅炉和窑炉等技术。

目前，我国新建的大型火力发电机组所采用的洁净煤发电技术已经处于国际先进水平，在部分领域已经接近国际领先水平。

17. 煤基功能碳材料

煤炭不仅是经济发展的能源基础，也是开发新型材料的重要原料。以煤炭为原料可以制得各种很有用的碳材料。传统的材料指的是具有从无定形碳到石墨、金刚石结晶的一大类物质形成的材料，包括金刚石、石墨、卡宾、炭黑、碳纤维、活性炭。在物理、化学、材料和生命科学等众多领域有着巨大的应用前景。下面对活性炭、碳分子筛、富勒烯、碳纳米管、石墨烯等几种煤基功能碳材料进行简单介绍。

（1）活性炭

活性炭又称活性炭黑或多孔炭，是黑色粉末状或颗粒状的无定形碳。活性炭的主要成分除了碳以外还有氧、氢等元素。活性炭是一种具有高度发达的孔隙结构和极大表面积的人工碳材料，每克总表面积可达 $500 \sim 1000 m^2$。活性炭无臭、无味、无砂性、不溶于任何溶剂，对各种气体有选择性的吸附能力，对有机色素和含氮碱有高容量吸附能力。因此，有人称活性炭为"万能吸附剂"。活性炭物理化学性质稳定，耐酸碱，能经受水湿、高温及高压，不溶于水和有机溶剂，使用失效后可以再生，是一种循环经济性材料。

活性炭是一种广谱活性多孔材料，在水处理、气体或液体混合物分离、气体储存等方面得到了广泛应用。近年来活性炭的应用领域在不断扩大，不仅在石油、化工、冶金、食品等行业中应用广泛，而且在环境保护、控制污染等方面也发挥着越来越重要的作用。因其脱色、除味和强吸附性，使其被广泛应用于污染水源净化和城市污水、工业废水的深度处理中。活性炭在脱硫方面近年也得到发展。有研究结果表明，微波辐照活性炭烟气脱硫技术不但可以消除硫的污染，而且还可以回收硫资源，从而将二氧化硫污染控制和硫资源回收利用相结合，实现环境、社会和经济效益的统一。挥发性有机物种类繁多，多数有毒，危害人类健康，污染环境，因此必须对挥发性有机物进行回收，而目前应用最为广泛、最为成熟的技术，首选活性炭吸附法。

制备活性炭的原料十分广泛，主要原料几乎可以是所有富含碳的有机材料，如煤炭、木材、果壳、椰壳等。这些含碳材料在活化炉中，在高温和一定压力下通过热解作用被转换成活性炭。煤炭由于其原料易得、价格便宜的特点是近年来活性炭研究中较为注目的方向。我国煤基活性炭技术发展主要经历了单种煤生产活性炭、配煤生产活性炭及催化活化生产活性炭3个阶段。单种煤生产活性炭是我国最早采用的一种生产工艺，但受原料煤性质的限制，活性炭产品性能很难大幅度提高。为了弥补单种煤生产活性炭产品性能的缺陷，人们研究把性质不同的煤，按一定比例配合生产活性炭，此工艺可以在一定范围内改善、提高活性炭产品的性能，我国许多活性炭厂已采用此工艺生产活性炭产品。为了生产某些具有特殊吸附性能的优质活性炭产品，在活性炭炭化、活化过程中加入催化剂，催化剂与水蒸气活化反应，改变活化成孔机理，提高吸附性能，这种活性炭生产方法被称为催化活化法。目前煤炭科学研究总院北京煤化学研究所开发的这一生产工艺技术已在我国活性炭厂推广使用。

（2）碳分子筛

碳分子筛（英文名carbon molecular sieves，简记CMS）是20世纪70年代发展起来的一种新型吸附剂，是一种优良的非极性碳材料。碳分子筛的主要成分为元素碳，外观为黑色柱状固体。

　　碳分子筛与活性炭在化学组成上并没有本质的区别，两者的主要区别在于孔径分布和孔隙率不同。CMS的孔隙率远低于活性炭，其孔隙以微孔为主，微孔孔径分布集中在$0.3 \sim 1.0nm$的狭窄范围内。碳分子筛的微孔对氧分子的瞬间亲和力较强，可用来分离空气中的氧气和氮气，工业上利用变压吸附装置（PSA）制取氮气。碳分子筛空分制氮已广泛地应用于石油化工、金属热处理、电子制造、食品保鲜等行业。

（3）富勒烯

　　20世纪80年代以后陆续发现以C_{60}、碳纳米管（carbon nanotubes）、碳葱（carbononions）为代表的富勒烯（fullerene）具有纳米结构的碳材料，是继石墨、金刚石之后发现的碳的第三种同素异形体。1985年英国萨塞克斯大学的波谱学家Kroto教授与美国莱斯大学的Smalley和Curl两教授在合作研究中，发现碳元素可以形成由60个或70个碳原子构成的高度对称性笼状结构的C_{60}或C_{70}分子，被称为巴基球（Buckyballs）。1991年日本NEC科学家Iijima采用高分辨隧道电子显微镜制取C_{60}的阴极结疤中首次发现碳纳米管，其径向尺寸为纳米量级，轴向尺寸为微米量级，表现出典型的一维量子材料特征，具有较高的机械强度和超常的磁阻和导热性等特性。1992年瑞士联邦大学的Vgarte等用高强度电子束长时间照射炭棒，发现了多层相套的巴基球，结构像洋葱，称为巴基葱。为了表彰科学家在富勒烯研究中的突出贡献，1996年诺贝尔化学奖授予来自英国的HaroldKroto和美国得克萨斯州的Richard Smalley和Robert Curl三位科学家，以表彰他们在1985年的发现巴基球-富勒烯，即C_{60}和C_{70}。

　　富勒烯指的是一类物质，任何由碳一种元素组成，以球状、椭圆状或管状结构存在的物质，都可以被叫作富勒烯。富勒烯可以被组合成各种形态的衍生物。自从1985发现富勒烯之后，不断有新结构的富勒烯被预言或发现，并超越了单个团簇本身。其家族成员如下。

①　巴基球团簇　最小的是C_{20}（二十烷的不饱和衍生物）和最常见的C_{60}，除此之外还有70、72、76、84甚至100个碳组成的巴基球。

②　碳纳米管　非常小的中空管，有单壁和多壁之分，在电子工业有潜在的应用。

③　巨碳管　比纳米管大，管壁可制备成不同厚度，在运送大小不同的分子方面有潜在价值。

④　聚合物　在高温高压下形成的链状、二维或三维聚合物。

⑤　纳米"洋葱"　多壁碳层包裹在巴基球外部形成球状颗粒，可能用于润滑剂。

⑥　球棒相连二聚体　两个巴基球被碳链相连。

⑦　富勒体（Fullerites）　是富勒烯及其衍生物的固态形态的称呼。

⑧　内嵌富勒烯　是将一些原子嵌入富勒烯碳笼而形成的一类新型内嵌富勒烯。

富勒烯（C_{60}）是由碳原子组成的一种天然分子，又称为碳-60。C_{60}由60个碳原子构成像足球一样的32面体，其中包括12个正五边形面和20个正六边形面（图2-11）。由于这个结构的提出是受到建筑学家富勒（Buckminster Fuller）的启发，富勒曾设计一种用六边形和五边形构成的球形薄壳建筑结构，因此科学家把C_{60}叫作足球烯，也叫作富勒烯（fullerence）。

C_{60}的密度为$1.7g/cm^3$。C_{60}不溶于水，在正己烷、苯、二硫化碳、四氯化碳等非极性溶剂中有一定的溶解性。C_{60}为淡黄色固体，薄膜加厚时转成棕色，在有机溶剂中呈洋红色。硬度比钻石还硬，韧度（延展性）比钢强100倍。经过适当的

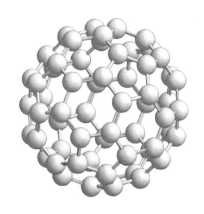

图2-11　C_{60}结构示意图

金属掺杂，C_{60} 表现出良好的导电性。

科研工作者对 C_{60} 催化性能、超导性能、生物相容性、抗氧化性等方面的应用也进行了大量研究。研究发现富勒烯 C_{60} 在光学反应活性、荧光性能、非线性光学特性、润滑性能、催化性能、超导性、生物相容性、抗氧化性等方面的优异性能，可应用于有机太阳能电池、催化剂及药物载体、超导材料等领域。

① 高能材料与太阳能电池领域　以 C_{60} 为基础，经过物理化学处理，可能研发出未来的高能材料。氮系富勒烯 N_{60} 可能在下一代火箭推进剂中得到应用。P型共轭聚合物和N型富勒烯混合组成复合物，作为太阳能电池的薄膜材料，可提高光电转换效率。目前聚合物/富勒烯太阳能电池（PFSCS）光电转换效率已从不到1%提高到了10.6%，具有良好的发展和应用前景。

② 生物医药领域　富勒烯具有抗氧化和神经保护作用，被认为是"清除自由基的海绵"，实验证明其可以有效减少神经元死亡。富勒烯这种神经保护的活性主要与其清除自由基（超氧阴离子、羟自由基）的能力有关。实验表明，多羟基富勒烯 $[C_{60}(OH)_n]$，又名富勒醇是一种很好的抗氧化剂，清除自由基效率高，且其水溶好，可以自由穿过血脑屏障，降低原代培养的皮质神经元的凋亡水平，保护自由基对神经组织的损伤。

③ 超导材料应用领域　C_{60} 分子本身不导电，但当碱金属嵌入 C_{60} 分子之间的空隙后，C_{60} 与碱金属的系列化合物将表现出良好的导电性和超导性。1991年3月美国贝尔实验室首先报道掺钾后的 K_3C_{60} 具有超导性，其临界温度为18K。与氧化物超导体比较，C_{60} 系列超导体具有完美的三维超导性、电流密度大、稳定性高、易于展成线材等优点，是一类极具价值的新型超导材料。C_{60} 超导体可在超导计算机电子屏蔽、超导磁选矿技术、长距离电力输送、磁悬浮列车以及超导超级对撞机等更多领域中广泛应用。

④ 润滑领域　科学研究表明，C_{60} 膜可使摩擦性能得到一定改善。C_{60} 用于润滑添加剂具有一定的极压和润滑性能。C_{60} 的衍生物 $C_{60}F_{60}$ 俗称"特氟隆"可作为"分子滚珠"和"分子润滑剂"。

⑤ 气体贮存 C_{60} 分子的结构比较特别，可以作为比金属及金属合金更加有效的吸氢材料。目前，中美科学家研究发现了一种新型的具有储存氢气能力的材料"$C_{60}+Ca$"，它不仅能存储氢气，还能存储氧气。更优异的是，高压钢瓶存储氧气其压力是 $3.9×10^6Pa$，而 C_{60} 存储氧气的压力仅仅是 $2.3×10^5Pa$。在低压的条件下用 C_{60} 存储大量的氧气对于军事、医疗甚至商业发展都有巨大的作用。

总之，富勒烯 C_{60} 奇异的结构、优异的性能开拓了碳原子新的时代，在光、电、磁等领域有广阔的应用。随着研究的不断深入，相信未来富勒烯 C_{60} 的应用领域更为广阔。

（4）碳纳米管

碳纳米管（carbon nanotube），又名巴基管，是一种新的重要的碳的形态。1985年，"足球"结构的 C_{60} 一经发现即吸引了全世界的目光，在富勒烯研究推动下，1991年一种更加奇特的碳结构——碳纳米管被日本电子公司（NEC）的饭岛博士发现。碳纳米管（图2-12）是一种具有特殊结构的一维量子材料，其径向尺寸为纳米量级，轴向尺寸为微米量级、管子两端基本上都封口。它主要由呈六

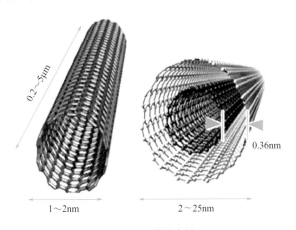

图2-12 碳纳米管

边形排列的碳原子构成数层到数十层的同轴圆管。层与层之间保持固定的距离，约0.34nm，直径一般为2～20nm。碳纳米管不总是笔直的，而是局部区域出现凸凹现象。碳纳米管作为一维纳米材料，重量轻，六边形结构连接完美，具有许多异常的力学、电学和化学性能。

① 力学性能　理论和实验研究表明，碳纳米管具有极高的强度，理论计算值为钢的100倍。同时碳纳米管具有极高的韧性，十分柔软，被认为是未来的超级纤维。

② 发射性能　单壁碳纳米管的直径通常是几个纳米，长度可以达到几十至上百微米，长径比很大，而且其结构完整性好，导电性很好，化学性能稳定，具备了高性能场发射材料的基本结构特征。

③ 电磁性能　碳纳米管具有独特的导电性、很高的热稳定性和本征迁移率，比表面积大，微孔集中在一定范围内，满足理想的超级电容器电极材料的要求。

④ 吸附性能　碳纳米管具有较大的比表面积、特殊的管道结构以及多壁碳纳米管之间的类石墨层隙，使其成为最有潜力的储氢材料，在燃料电池方面有着重要的作用。

⑤ 化学性能　碳纳米管已被用于分散和稳定纳米级的金属小颗粒。由碳纳米管制得的催化剂可以改善多相催化的选择性。

目前，碳纳米管在储能材料、场发射显示装置、一维量子导线、催化剂、复合材料等领域得到了广泛应用。

目前以煤炭为原材料制备碳纳米管的方法主要有3种，即电弧法、激光溅射法、碳氢化合物分解法。采用激光溅射法制备的单壁碳纳米管纯度高，但所需设备较复杂，且价格昂贵；通过碳氢化合物分解法制备碳纳米管时，反应温度低，原材料来源广泛，但所制纳米管的形状多变，且石墨化程度较低；利用电弧法制备碳纳米管时所需设备简单，制得的纳米管质量较高。3种方法各有优缺点，总的来看电弧法更具潜力。

（5）石墨烯

石墨烯作为一个最前沿的新材料，被誉为"黑金"、"新材料之王"。有科学家预言，石墨烯将"改变21世纪"。那么石墨烯具有什么样的结构？又有哪些性质和应用呢？人们常见的石墨是由一层层以蜂窝状有序排列的平面碳原子堆叠而形成的，石墨的层间作用力较弱，很容易互相剥离，形成薄薄的石墨片。当把石墨片剥成单层之后，这种只有一个碳原子厚度的单层就是石墨烯。石墨与石墨烯结构示意见图2-13。

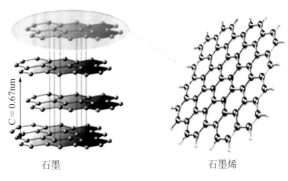

石墨　　　　　　　　　　　　石墨烯

图2-13　石墨与石墨烯结构示意图

2004年英国曼彻斯特大学的安德烈·海姆教授和康斯坦丁·诺沃肖洛夫教授通过一种很简单的方法从石墨薄片中剥离出了石墨烯，为此他们二人荣获了2010年诺贝尔物理学奖。

石墨烯是一种二维晶体，由碳原子按照六边形进行排布，相互连接，形成一个碳分子，其结构非常稳定；随着所连接的碳原子数量不断增多，这个二维的碳分子平面不断扩大，分子也不断变大。单层石墨烯只有一个碳原子的厚度，即0.335nm，相当于一根头发的二十万分之一的厚度，1mm厚的石墨中有150万层左右的石墨烯。

石墨烯是已知的最薄的一种材料，并且具有极高的比表面积、超强的导电性和强度等优点。石墨烯是世上最薄也是最坚硬的纳米材料，它几乎是完全透明的，只吸收2.3%的光；热导率高达

5300W/（m·K），高于碳纳米管和金刚石，常温下其电子迁移率超过15000cm²/（V·s），又比纳米碳管或硅晶体高，而电阻率只约$10^{-6}\Omega\cdot cm$，比铜或银更低，为世上电阻率最小的材料。因为它的电阻率极低，电子跑的速度极快，因此被期待可用来发展出更薄、导电速度更快的新一代电子元件或晶体管。由于石墨烯实质上是一种透明、良好的导体，也适合用来制造透明触控屏幕、光板，甚至是太阳能电池。

正因为石墨烯有着无与伦比的性能和优势，被许多国家列为头号技术研发。目前全球已有超过200个机构和1000多名研究人员从事石墨烯研发。虽然石墨烯的发现时间尚短，但目前我国已经能够以煤为原材料制备石墨烯。据报道，2017年我国浙江大学高分子科学与工程学系高超团队，已研究了一种新型石墨烯-铝电池，这一研究成果在世界石墨烯研究领域处于领先水平。

我国煤炭资源储量丰富，发展以煤炭为原料生产活性炭素材料不但可以拓展煤的非燃料利用空间，而且可为煤炭行业带来一些高附加值产品，在今后的煤化工行业具有明显的发展优势。因此，对煤基功能碳材料的开发与应用研究具有重要意义。

第二章

石 油

18.石油的前世今生——你所不了解的"黑色黄金"

石油是地球送给人类的礼物，这份珍贵的礼物来自哪里？又是如何形成的？让我们一起走近石油、了解石油，并深入地体会"黑色黄金"的宝贵。

石油（petroleum，岩石中的油）来源于希腊语的岩石（petra）和油（oleum），是当时人们对从地下自然涌至地表的黑色液体的称谓，被称为黑色金子。石油是来自地下深处的棕黑色可燃黏稠液体，提炼加工之前的石油又称为"原油"。

中国是世界上最早发现和利用石油的国家之一。东汉的班固（公元32—92年）所著《汉书》中记载了"高奴县有洧水，可燃"。高奴在现在的陕西延长附近，洧水是延河的支流。北魏郦道元的《水经注》中提到"水上有肥，可接取用之"。这里的"肥"就是指的石油。到公元863年前后，唐朝段成武的《酉阳杂俎》记载了"高奴县石脂水，水腻浮水上，如漆，采以膏车及燃灯，极明"。西晋张华的《博物志》（成书于267年）、郦道元的《水经注》都记载了"甘肃酒泉延寿县南山出泉水"，"燃极明，与膏无异，膏车及水碓缸甚佳，彼方人谓之石漆"，这也是玉门产石油的最早记载。

"石油"这个中文名称是由中国宋朝的大科学家沈括第一次命名的。沈括在书中读到过"高奴县有洧水，可燃"这句话，觉得很奇怪，"水"怎么可能燃烧呢？他决定进行实地考察。考察中，沈括发现了一种褐色液体，当地人叫它"石漆"、"石脂"，用它烧火做饭、点灯和取暖。沈括弄清楚这种液体的性质和用途，给它取了一个新名字，叫石油。沈括在《梦溪笔谈》中这样描述石油："生于水际砂石，与泉水相杂，惘惘而出"。他试着用原油燃烧生成的煤烟制墨，"黑光如漆，松墨不及也"。沈括认识了石油，并且预言"此物后必大行于世"，是非常难得的。

在沈括眼中"生于水际砂石"的石油，究竟是如何产生的？关于石油的成因，是自然科学领域和石油地质学界争论最激烈，也最富挑战性的问题之一。这不仅因为石油的成分复杂，而且大部分是流体，能够流动，它们在地下的储藏地往往不是其"诞生地"——是经过运移才聚集的。这与煤、铁等其他的矿产显著不同。从18世纪70年代至今，人们对石油的成因先后提出了几十种假说。目前大部分的科学家都认同的一个理论是：石油是沉积岩中的有机物质变成的，石油和天然气的形成过程见图2-14。认为石油是古代海洋或湖泊中的生物经过漫长的演化形成，属于生物沉积变油，是不能再生却又不可或缺的宝贵财富。因为在已经发现的油田中，99%以上都是分布在沉积岩区。另外，人们还发现现代的海底、湖底的近代沉积物中的有机物正在向着石油慢慢地变化。

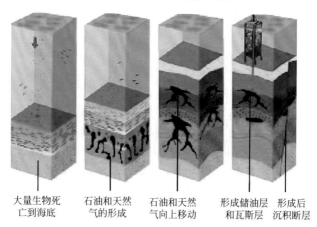

大量生物死亡到海底　　石油和天然气的形成　　石油和天然气向上移动　　形成储油层和瓦斯层　形成后沉积断层

图2-14　石油和天然气的形成过程

与地球上其他宝贵的资源一样，石油在全球的分布并不平衡。从东西半球来看，约四分之三的石油资源集中于东半球；从南北半球看，石油资源主要集中于北半球。英国石油公司发布的石油统计数据报告显示，2012年底全球已探明石油储量约为1.669万亿桶。科学家和石油工作者又是如何找到这些埋藏在地下或海下"黑金"的？一般来说，在石油勘探过程中，首先由地质学家对勘探点的地质状况进行分析，分析该地是否有可能生成石油的地质条件。在漫长的转化过程中，石油与底层中一种古老的岩石有着密切的关系——油页岩。根据经验，凡是存在这种岩石的地方，往往会有石油的沉积。科学家将这些资料收集汇总后，根据地层的倾角算出钻孔的孔深，然后依据这些资料和数据设计勘探钻孔，完成石油勘探的过程。在确定某地拥有石油矿藏之后，便可以进入石油开发下一步的工作阶段——开采。

18世纪50年代，也就是1750年左右，工业革命在英国展开，然后逐渐传播到欧洲、北美。在这期间，因为科学的进步、机器的大量使用、机械化大规模生产的进展、对燃料以及化学品需求的增加，促使人类对石油的使用与消耗不断上升，开采技术也不断进步。

1859年在宾夕法尼亚的Titusville钻成了一口现代石油井，发现和开发了第一个油田。到了1861年，在苏联的巴库地区，因为该地的油田开采，人们更在该地建立了世界上第一座炼油厂。

我国最早开发的油田，是1878年发现的台湾地区的苗粟油田。中国大陆最早开发的油田则是陕北的延长油田。1907年清政府聘请了日本技师对陕西省延长县的石油资源进行了调查，并在延长县西门外打成了第一口井，即现在的"延一井"。从此，揭开了中国大陆石油开发的历史，这口井后来被命名为中国大陆第一口油井。

石油"一身都是宝"。目前，工农业生产、国防建设以及人们的日常生活都与石油息息相关、密不可分。归纳起来，主要用于三个方面：一是作为能源。原油经过炼制加工后可以制得汽油、煤油、柴油等燃料，用作各种交通工具、国防武器和航天探测器的燃料。二是作为化工原料。石油经过多种形式的加工，可以制成各种各样的化工原料。用这些原料可制成多种生产和生活用品，如塑料制品、合成纤维、合成橡胶、洗涤剂、农药、医药、化肥、炸药、染料等。三是作为润滑剂。从石油中还可炼制出润滑油、沥青和石蜡。石油化工产品几乎能用于所有的工业部门中，是促进国民经济和工业现代化的重要物质基础，现代化的工业离不开石油，就像人体离不开血液一样。因此，石油被称为"工业的血液"。

至此，深埋于地下数千年的石油终于成为现代生活不可缺少的宝贵能源，完成了它的"成长"旅程。接下来，它将摇身一变，投身到与你我息息相关的衣食住行等各个方面。

19. 石油的性质和组成

石油是摸起来有油腻感的可燃液体（图2-15）。石油的性质因产地而异，密度为 $0.8 \sim 1.0\text{g/cm}^3$，黏度范围很宽，凝固点差别很大（$30 \sim -60℃$），沸点范围为常温到500℃以上，可溶于多种有机溶剂，不溶于水，但可与水形成乳状液。产自不同油田的石油其成分区别很大，石油的外表颜色也多种多样，有淡黄色、绿色、棕色、黑色等。例如四川盆地的原油是黄绿色的，大庆原油是黑色的，青海柴达木盆地的原油是淡黄、淡棕色的。颜色的不同主要是由于原油中含沥青质和胶质等重质成分的数量不同引起的，含沥青质和胶质越多，颜色就越深。石油中的轻质组分要自然挥发，所以石油是有味的液体，如果含有硫化物，则会散发出一种难闻的臭味。

石油主要是碳氢化合物，由各种烷烃、环烷烃、芳香烃等不同的碳氢化合物混合组成，其成分随产地的不同而变化很大。组成石油的化学元素主要是碳（83% ~ 87%）、氢（11% ~ 14%），其余为硫（0.06% ~ 0.8%）、氮（0.02% ~ 1.7%）、氧（0.08% ~ 1.82%）及微量金属元素（镍、钒、铁、锑等）。由碳和氢化合形成的烃类构成石油的主要组成部分，占95% ~ 99%，各种烃类按其结构分

图2-15　石油

为烷烃、环烷烃、芳香烃。原油中含硫量较小，一般小于1%，但对原油性质的影响很大，对管线有腐蚀作用，而它燃烧后生成的二氧化硫和三氧化硫排入大气，造成大气污染，遇水会变成亚硫酸和硫酸，更是强腐蚀性物质，因此在石油加工中应尽量去除硫。石油的加工过程要经过"三脱"处理，即脱水、脱气、脱硫。经过处理后的石油将被输送到炼油厂，进行进一步加工，生产出各种成品油。

20.你了解石油储集层吗？

石油储存在岩石的孔隙、洞穴和裂缝之中。凡是具有孔、洞、缝，液体又可以在其中流动的岩石，就叫作储集层。石油就是在储集层中储集和流动的。专业人员主要用孔隙度和渗透率两个因素来衡量储集层的优劣。孔隙度的数值大，表明储藏油的空间大，可以容纳较多的石油。渗透率的数值高，则表示孔隙、缝洞之间的连通性好，石油容易流动，容易采出来，可以获得较高的产量。

储集层的类型种类比较多，大致可以分成三大类，即颗粒之间孔隙型储集层、溶蚀的洞穴型储集层和破裂的裂缝型储集层。这些储集空间有的大到肉眼可以看见，有的微细到只有在显微镜下才能发现。

我国已发现的储集层是多种多样的，但也超不出以上3种类型。以大庆油田为代表的属砂岩颗粒间的孔隙型储集层；以任丘油田为代表的属碳酸盐岩的溶蚀洞穴型和裂缝型储集层；以四川气田为代表的属碳酸盐岩裂缝型储集层。

还有一些特殊的储集层，如在辽河油田见到的火山岩储集层（孔隙型）；在玉门鸭儿峡油田的变质岩储集层（裂缝型）以及青海油泉子油田的泥岩储集层（裂缝型）等等。

21. 地下石油是怎么开采出来的?

一些文学作品曾将油田描述为"地下油海"和"地下油河"。不少人也认为地下的油田像地面的海、湖一样储存着石油。其实不是这样。石油是"石头里的油"，像水浸透在海绵里一样浸透在石头的孔隙与缝洞里。石油工作者的一项主要工作就是采用各种技术手段，把储集在孔隙中与缝洞里的原油挤压出来，一点一滴地汇集到油井，通过油井采集到地面上来。

很早很早以前，人们用最简单的提捞方式开采原油，就像用吊桶在水井中提水一样，用绞车把原油从油井中提取上来。但这种方法只适用于油层非常浅、压力很小、产量很低的油井。如1907年中国延长油矿的延一井，井深81m，日产油 $1 \sim 1.5t$。当时都是用转盘绞车把原油从油井中提捞上来的。

随着石油工业的发展，越来越多产量高、油层埋藏很深的油田被发现，原来那套人工提捞的方法无法在这些油井上使用，所以逐渐被淘汰。自喷采油和各种人工举升采油的方法应运而生。在石油界，通常把仅仅依靠岩石膨胀、边水驱动、重力、天然气膨胀等各种天然能量来采油的方法称为一次采油；把通过注气或注水提高油层压力的采油方法称为二次采油；把通过注入化学药剂改变张力、注入热流体改变黏度，用这种物理、化学方法来驱替油层中不连续的和难开采原油的方法称为三次采油。

（1）一次采油——让油自己喷出来

一口油井用钻井的方法钻孔、下入钢管连通到油层后，在地层里沉睡了亿万年的原油可以依靠天然能量摆脱覆盖在它们之上的重重障碍，像喷泉那样，沿着油井的钢管自动向地面喷射出来。油层内的压力越大，喷出来的油就越快越多。这种靠油层自身的能量将原油举升到地面的能力，称为自喷，用这种办法采油，称为自喷采油，常发生在油井开发的初期。自喷井开采示意见图2-16。我国第一口自喷井是在大庆打出来的。

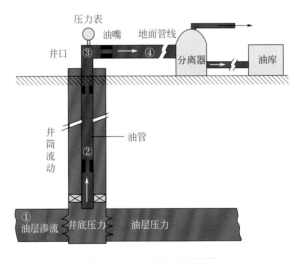

图 2-16　一次采油示意图

那么油井为什么会自喷呢？石油和天然气深埋于地下封闭的岩石构造中，在上覆地层的重压下，它们与岩石一起受到压缩，从而集聚了大量的弹性能量，形成高温高压区。当油层通过油井与地面连通后，井口是低压而井底是高压。在这个压差的作用下，上覆地层就像挤海绵一样，将石油从油层挤到油井中，并举升到地面。这就像一个充足气的汽车轮胎一样，当拔掉气门芯后，被压缩的空气将喷射而出。随着原油及天然气的不断产出，油层岩石及地层中流体的体积逐渐扩展，弹性能量也逐渐释放。总有一天，当弹性能量不足以把流体举升上来时，地层中新的压力平衡慢慢建立起来，流体也不再流动，大量的石油会被滞留在地下。就像被压缩的弹簧一样，开始弹力很强，随着弹簧体积扩展，弹力越来越弱，最终失去弹力。

一次采油的优点是投资少、成本低、投产快，只要按照设计的生产井网钻井后，不需要增加另外的注入设备，只靠油层自身的能量就可将原油采出地面。缺点是天然能量作用的范围和时间有限，不能适应油田较高的采油速度及长期稳产的要求，最终采收率通常较低。

（2）二次采油——用水把油顶出来

在二次采油阶段，人们通过向油层中注气或注水来提高油层压力，为地层中的岩石和流体补充弹性能量，使地层中岩石和流体新的压力平衡无法建立，地层流体可以始终流向油井，从而能够采出仅靠天然能量不能采出的石油。二次采油注水开发示意见图2-17。

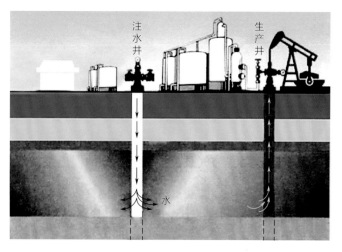

图2-17　二次采油注水开发示意图

但是，由于地层的非均质性，注入流体总是沿着阻力最小的途径流向油井，处于阻力相对较大的区域中的石油将不能被驱替出来。有的原油在地下就像沥青一样，根本无法在地层这种多孔介质中流动。因此，二次采油方法提高原油采收率的能力是有限的。

油田注水开发的原理就是通过打注水井向油层注入水，在整个油层内建立起水压驱动方式，恢复和保持油层压力，从而减少钻井口数，提高采油速度，缩短油田开发的年限，提高油田最终采收率。由于注水工艺容易掌握，水源也比较容易得到，因此油田注水开发的方式迅速推广，成为一种应用最广泛的方法。

（3）三次采油——靠科技把油洗出来

在三次采油阶段，人们通过采用各种物理、化学方法改变原油的黏度和对岩石的吸附性，可以增加原油的流动能力，进一步提高原油采收率。三次采油的主要方法有热力采油法、化学驱油法、混相驱油法、微生物驱油法等。

热力采油法主要是利用降低原油黏度来提高采收率。其中蒸汽吞吐法就是热力采油法的一种常用方法。它利用原油的黏度对温度非常敏感的特性，采取周期性地向油井中注入蒸汽，注入的热量可使油层中的原油温度升高数十至上百摄氏度，从而大大降低了原油黏度，提高了原油的流动能力。蒸汽吞吐过程一般分为3个阶段。第一阶段是注汽阶段。此阶段将高温蒸汽快速注入油层中，注入量一般在千吨当量水以上，注入时间一般几天到十几天。第二阶段是焖井阶段。也就是在注汽完成后立即关井，便于蒸汽携带的热量在油层中有效交换，从而加热油层。关井时间不宜太长或太短，一般2～5天为宜。第三阶段是采油阶段。此阶段一般又包括自喷和抽油两个阶段。因高温高压注汽时的井底附近压力较高，为自喷提供了能量，自喷阶段一般维持几天到数十天，此时主要产出物为油井周围的冷凝水和大量加热过的原油。当井底压力与地层压力接近时，就必须转入抽油阶段，该阶段持续时间长达几个月到一年以上不等，是原油产出的主要时期。

化学驱油法主要是通过注入一些化学药剂增加地层水的黏度，改变原油和地层水的黏度比，减小地层中水的流动能力和油的流动能力之间的差距，同时，降低原油对岩石的吸附性，从而扩大增黏水驱油面积，提高驱油效率。1972年我国大庆油田开始采用以聚丙烯酰胺为主体的注聚合物三次采油试验，1990年又在中西部地区开始试验，聚合物驱油示意见图2-18。大庆油田聚合物驱油自1996年投入工业化应用以来，创造了世界油田开发史上的奇迹。

注聚井

采油井

图2-18　聚合物驱油示意图

混相驱油法主要是通过注入的气体与原油发生混相，可以降低原油黏度和对岩石的吸附性，常用的气体有天然气和二氧化碳。

微生物驱油法是利用微生物及其代谢产物能裂解重质烃类和石蜡，使石油的大分子变成小分子，同时代谢产生的气体 CO_2、N_2、H_2、CH_4 等可溶于原油，从而降低原油黏度，增加原油的流动性，达到提高原油采收率的目的。

22. 抽油机是如何把原油抽吸到地面上来的？

进入油田放眼望去，无数台抽油机不紧不慢地上下运动，像是无数高大的毛驴在十分吃力地负重前行，驴头不停地上下摆动，类似作揖磕头，于是人们给它起了个俗名叫"磕头机"，见图2-19。在国内外油田，有80%的非自喷井都是用抽油机来采油的。其实仅仅有抽油机还不能采油，必须配备井下抽油泵及连接抽油泵和抽油机的抽油杆。磕头机、抽油泵、抽油杆组合起来叫有杆泵抽油系统，这是最传统、最典型的人工举升采油方法。抽油机主要由底盘、减速箱、曲柄、平衡块、连杆、横梁、支架、驴头、悬绳器及刹车装置、电动机、电路控制装置组成。抽油机的工作原理是：由电动机供给动力，经传动皮带将电机的高速旋转运动传递给减速器，经两级减速后变为低速转动，并由四连杆机构将旋转运动变为驴头悬点的上下直线往复运动。抽油杆一头用钢丝绳悬挂在驴头悬点上，一头与井下抽油泵连接，带动下入井中的抽油泵工作，将井液抽汲到地面。抽油杆是两端带螺纹的10m左右长的钢杆，一根根用螺纹连接起来，最上端连接抽油机，下端连接抽油泵活塞并将动力传递给抽油泵。

图2-19　石油开采

抽油泵的原理和水井的手压式抽水泵相似,有工作筒和活塞。工作筒接在油管下部,工作筒下部有固定阀门,下到井筒液面以下。活塞是空心的,上面有游动阀,它是用抽油杆下到工作筒里去的。抽油杆带动活塞上下运动,当活塞在磕头机和抽油杆的带动下向上运动时,游动阀在液体压力下关闭,这时活塞上面的原油就从工作筒内提升到上面的油管里去,再流到地面管道中。同时,工作筒内下腔室的压力降低,油管外的原油就依靠地层压力顶开固定阀流入工作筒内。同样,当活塞在磕头机和抽油杆的带动下向下运动时,工作筒内下腔室压力升高,固定阀门关闭,工作筒内的原油就顶开游动阀排到活塞上面去,此时,油管外的原油不能进入工作筒内。这样,深井泵活塞上下往复运动,井里的原油就被源源不断地抽到油管里去,并不断地从油管排到地面。

23. 石油炼制过程及产物

石油由多种特性不一的碳氢化合物混合而成,其直接利用的途径很少。为了使石油中的各种组分都能发挥效能,必须通过炼制过程生产出理想的石油产品,如汽油、柴油、煤油、润滑油及沥青等,这种加工过程,叫做石油的炼制,简称炼油。如现在广泛使用在飞机、汽车、内燃机车、坦克、船舶和舰艇上的各种燃料油,主要是石油炼制工业提供的石油产品。处在运动中的机械,都需要一定数量的各种润滑剂(润滑油、润滑脂),以减少机件的摩擦和延长使用寿命。当前,润滑剂的品种达数百种,绝大多数也是由石油炼制工业生产的。石油的加工炼制是石油利用中非常重要的一环。

石油产品又称油品,主要包括各种燃料油(汽油、煤油、柴油等)和润滑油以及液化石油气、石油焦炭、石蜡、沥青等。这些油品又是怎么炼制出来的呢?前面已提到石油主要是烃类的混合物,沸点范围很广。一般来说,烃分子含碳原子数越少,沸点越低;含碳原子数越多,沸点越高。因此,在给石油加热时,低沸点的烃先气化,经冷凝先分离出来。随着温度的升高,较高沸点的烃再气化，经过冷凝再分离出来。这样继续加热和冷凝，就可以把石油分成不同沸点范围的蒸馏产物，这种方法叫作石油的分馏，分馏出来的各种成分叫馏分。当然，每一种馏分仍然是多种烃的混合物。如石油分馏出的馏分首先是石油气、汽油，然后是中间组分，如煤油、柴油，然后是重质组分，如燃料油、沥青质等。炼油厂的组成单元及产品如图2-20。

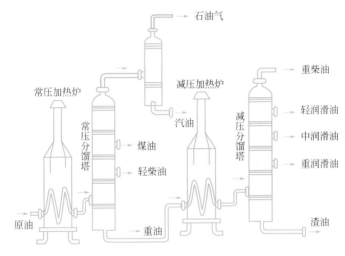

图2-20 炼油厂的组成单元及产品示意图

炼油的方法主要有3种，分别是常压蒸馏法、减压蒸馏法和裂化法。常压蒸馏是根据组成原油的各类烃分子沸点的不同，利用加热炉、分馏塔等设备将原油进行多次的部分汽化和部分冷凝，使汽液两相进行充分的热量与质量交换，以达到分离的目的，从而制得汽油、煤油、柴油等馏分。减压蒸馏法是利用降低压力从而降低沸点的原理，将常压重油在减压塔内进行分馏，从重油中分出柴油、润滑油、石蜡、沥青等产品。裂化法是将石油中的重组分分裂为轻组分，是提高汽油、柴油产出率，增加汽油、柴油产量的一种方法。

习惯上将石油炼制过程不很严格地分为一次加工、二次加工、三次加工三类过程。

以生产燃料和润滑油为目的的炼油厂里，通常是先将原油进行常压、减压蒸馏，依次分离为汽油、煤油、柴油、重柴油、轻质、中质和重质润滑油等各种沸点不同的馏分。上述过程属于物理过程，原油中烃类化合物在结构上没有发生变化称为一次加工。原油的蒸馏是炼制的第一道工序，这个工序使石油"大家庭"成员第一次"分家"。主要过程是：把经过脱盐脱水后的原油送入加热装置中，使油温达到200～250℃，这时原油中极少的水全部汽化，沸点较低的油也部分汽化。然后把这些水蒸气、油气和没有汽化的油送入第一个蒸馏塔中进行蒸馏，从塔顶把水蒸气、油气分离出来，经过冷凝冷却后，就可以得到汽油。把剩下的油送入加热炉继续加温，使油温达到350℃后，送入另一座蒸馏塔中进行蒸馏。这座塔由于是在正常压力下工作，所以叫常压塔。在这个过程中，从塔顶出来的是汽油，从塔侧面由高到低依次出来的是煤油、轻柴油、重柴油等。塔底没有汽化的油含有价值极高的润滑油、石蜡、焦炭及很多化工原料，从中仍可提炼出汽油、煤油等。但这些油沸点高于350℃，在常压下蒸馏就不行了。于是就设计了一种新的蒸馏塔——减压塔。通过减压塔，使油的沸点降低，把不易变成蒸气的油也变成蒸气。

一次加工产品可以粗略地分为：① 轻质馏分油，指沸点在约370℃以下的馏出油，如粗汽油、粗煤油、粗柴油等；② 重质馏分油，指沸点在370～540℃左右的重质馏出油，如重柴油、各种润滑油馏分、裂化原料等；③ 渣油（又称残油）。习惯上将原油经常压蒸馏所得的塔底油称为重油（也称常压渣油、半残油、拔头油等）。

通过炼制加工，可以把石油分成几种不同沸点范围的组分：① 40～205℃的组分作为汽油；② 180～300℃的组分作为煤油；③ 250～350℃的组分作为柴油；④ 350～520℃的组分作为润滑油（或重柴油）；⑤ 高于520℃的渣油作为重质燃料油。

在一次加工中，一般蒸馏出的汽油、煤油、柴油等轻质油只占原油总含量的三分之一左右，而且质量不高。在蒸馏后剩余的油中还可以提炼出更多的价值极高的产品。因此，还需要对剩余的油进一步加工，也就是原油的二次加工。

二次加工过程是一次加工过程产物的再加工。主要是指将重质馏分油和渣油经过各种裂化生产轻质油的过程，包括催化裂化、热裂化、石油焦化、加氢裂化等。裂化是能把大分子变小、使重质的原料变轻的过程。通过裂化可把原油中的较重成分变成轻质汽油、柴油等液体燃料，同时还生成以丙烷、丙烯、丁烷、丁烯为主要成分的气体产物，它们在不太高的压力下就可以变成液体，这就是常用作民用燃料的液化气。二次加工过程有时还包括催化重整和石油产品精制。精制是对各种汽油、柴油等轻质油品进行精制，或从重质馏分油制取馏分润滑油，或从渣油制取残渣润滑油等。二次加工是较为复杂的化学反应过程，原料中的烃类化合物在结构上会发生变化，通过二次加工能生产出上千种石油化工产品，使石油利用价值更高。

三次加工过程主要指将二次加工产生的各种气体进一步加工（即炼厂气加工）以生产高辛烷值汽油组分和各种化学品的过程，包括石油烃烷基化、烯烃叠合、石油烃异构化等。

按石油产品的用途和特性，可将石油产品分成14大类，即溶剂油、燃料油、润滑油、电器用油、液压油、真空油脂、防锈油脂、工艺用油、润滑脂、蜡及其制品、沥青、油焦、石油添加剂和石油化学品。

24. 润滑油是怎样加工的？

润滑油是石油产品中质量要求较高、使用期限较长的品种。而从原油蒸馏出来的馏分或残渣中都含有较多杂质，假如直接加到机器里，可能会把机器毁掉。

现在，对润滑油原料进行精制主要用的是溶剂法，就是用溶剂把不理想的成分分离出去。什么是润滑油原料中的不理想成分呢？

主要指的是两类，一类是胶状沥青状物质，另一类是多环的芳香烃。这两类物质不理想的成分有一个共同点，就是它们的分子中都含有许多芳香环结构。按照相似相溶的原则，必须用结构相似的溶剂才能把它们除去。所以，在生产上常用分子中具有环状结构的酚、糠醛和甲基吡咯烷酮做溶剂来精制润滑油原料。

作为润滑油的原料，一般是用原油经过减压蒸馏得到的馏分油。这些馏分油中大多含有蜡，即使在常温下它们的流动性也不是太好，甚至不能流动，更何况是在低温下。而润滑油产品一定要适应气温的变化，在冬季低温下也要能自由流动才行。因此，必须把润滑油原料中所含有的蜡脱除。目前，多半是用溶剂脱蜡法，就是用溶剂把润滑油原料溶解稀释后，再降低温度使蜡结晶出来，然后用过滤机把蜡滤掉并将溶剂回收，所得脱蜡油的凝固温度就可显著降低。

一般情况下，采用混合溶剂来进行脱蜡。目前最常用的是甲苯和丁酮的混合溶剂，可根据润滑油原料的性质调节两种溶剂的比例，以达到脱蜡油中含蜡少和脱出的蜡中含油少的双赢效果。

假如要生产汽缸油之类的重质润滑油，就需要从石油的渣油中取得一部分高黏度的润滑油原料。这种原料中杂质更多。其中的胶状沥青状物质不仅含量多，而且结构更加复杂，单靠溶剂精制已招架不住。因而，需要在溶剂精制前增加一个以丙烷、丁烷为溶剂的脱沥青过程来除去胶状沥青状物质。

就算经过了上面这些处理过程，润滑油原料里往往还会有少量杂质漏网，为了保证产品质量，最后还得用白土吸附精制或加氢精制等方法来加以去除。

25. 石油化工及其产品

用石油或石油气（炼厂气、油田气、天然气）做起始原料生产化工产品的工业，叫石油化学工业，简称石油化工。石油化工产品以炼油过程提供的原料油进一步化学加工获得。生产石油化工产品的第一步是对原料油和气（如丙烷、汽油、柴油等）进行裂解，生成以乙烯、丙烯、丁二烯、苯、甲苯、二甲苯为代表的基本化工原料。第二步是以基本化工原料生产多种有机化工原料（约200种）及合成材料（塑料、合成纤维、合成橡胶）。

石油化工产品与人们的生活密切相关，大到太空的飞船、天上的飞机、海上的轮船、陆地上的火车、汽车，小到日常使用的电脑、办公桌、牙刷、毛巾、食品包装容器、多彩多姿的服饰、各式各样的建材与装潢用品和变化多端的游乐器具等等，都跟石油化工有着密切的关系。可以说，日常生活中的"衣、食、住、行"样样都离不开石化产品。

石化产品对人类"衣"方面的影响主要是合成纤维与人造革带来的衣料革命。天然皮革因受资源、动物保护和加工工艺的限制，使用成本高。人造革是最早发明用于皮质面料的代用品，它是用聚氯乙烯（PVC）加增塑剂和其他的助剂压延复合在布上制成，具有价格便宜、色彩丰富、花纹繁多等优点。聚氨酯（PU）人造革和复合人造革是较PVC人造革新一代产品，更接近皮质面料。PU人造革适宜制作皮鞋、提包、夹克、沙发坐垫等。

常言道民以食为天，食是人类生存的最基本需求。石化工业提高了农产品及畜产品的生产效率。由于化学肥料及农业化学品的施用，增加了粮食产量。日常生活中所用的保鲜膜以及各种各样的食品包装盒都是合成树脂加工成的，这些食品保鲜包装材料延长了食品的保质期，使生活更加方便、丰富。

住房对现代人而言不再只是挡风避雨了，人们对"住"的要求不但要美观耐用还要防火防噪。建筑业是仅次于包装业的最大塑胶用户，如塑胶地砖、地毯、塑料管、墙板、油漆等也都是石化产品，环保的木塑、铝塑等复合材料已大量取代木材和金属。除房屋建材外，家具及家居用品更是石化产品的天下。

行万里路在当今已不再是什么难事，汽车、火车、轮船和飞机等现代交通工具，给人类的出行带来便利和享受，正是石油化工为这些交通工具提供了动力燃料。塑料、橡胶、涂料及黏合剂等石油化工产品已广泛用于交通工具，降低了制造成本，提高了使用性能。一部汽车的塑料件占其重量的 7%～20%。汽车的自重每减少10%，燃油的消耗可降低 6%～8%。

总之，石油化工为人类提供了各种生活用品，使人们得以享受丰衣足食、舒适方便的高水准生活。

26. 石油中的烃

烃是碳氢化合物的简称，是把"碳"中的"火"和"氢"中的"㞯"合写而成的。烃分为饱和烃和不饱和烃。石油中的烃类多是饱和烃，而不饱和烃如乙烯、乙炔等一般只在石油加工过程中才能得到。石油中的烃有 3 种类型。

① 烷烃　是碳原子间以单键相联接的链状碳氢化合物。由于组成烃的碳和氢的原子数目不同，结果就使石油中含有大大小小差别悬殊的烃分子。烷烃是根据分子里所含的碳原子数目来命名的，碳原子数在 10 个以下的，从 1 到 10 依次用甲、乙、丙、丁、戊、己、庚、辛、壬、癸烷来表示，碳原子数在 11 个以上的，就用数字来表示。石油中的烷烃包括正构烷烃和异构烷烃。正构烷烃在石蜡基石油中含量高；异构烷烃在沥青基石油中含量高。烷烃又称烷族碳氢化合物。烷烃的分子式的通式为 C_nH_{2n+2}，其中的"n"表示分子中碳原子的个数。"$2n+2$"表示氢原子的个数。在常温常压下，C_1～C_4 的烷烃呈气态，存在于天然气中；C_5～C_{15} 的烷烃是液态，是石油的主要成分；C_{16} 以上的烷烃为固态。

② 环烷烃　顾名思义它是环状结构。最常见的是 5 个碳原子或 6 个碳原子组成的环，前者叫环戊烷，后者叫环己烷。环烷烃的分子式的通式为 C_nH_{2n}。环烷烃又叫环烷族碳氢化合物。

③ 芳香烃　又称芳香族碳氢化合物。一般有一个或多个具有特殊结构的六元环（苯环）组成。最简单的芳香烃是苯、甲苯、二甲苯。它们从石油炼制过程铂重整装置生产中可以得到。芳香族碳氢化合物的分子式的通式为 C_nH_{2n-6}。

第三章

天 然 气

27.天然气是从哪来？

　　天然气与煤炭、石油并称目前世界一次能源的三大支柱。天然气的蕴藏量和开采量都很大，其基本成分是甲烷，是优质燃料和化工原料。它不仅作为居民的生活用燃料，而且还被用作汽车、船舶、飞机等交通运输工具的燃料。由于天然气热值高，燃烧产物对环境污染少，被认为是优质洁净燃料。

　　天然气是地下岩层中以碳氢化合物为主要成分的气体混合物的总称，其中甲烷占80%～90%。天然气按在地下存在的相态可分为游离态、溶解态、吸附态和固态水合物。天然气按照其储藏状态的不同分为伴生气和非伴生气两种。顾名思义，当天然气田与石油层共存，开采的同时也有石油被开采出来的天然气就被称为伴生气。这种伴生气大约占整个天然气储存的40%，大部分由原油中的挥发性组分所组成。由于它是与石油共存，存在于油田中，所以又称作"油田气"。它溶解在石油中或形成油田构造中的气帽，并对石油储藏提供气压。

　　而非伴生气自然是不依靠着石油存在的天然气了，包括气田天然气和凝析气田天然气，在底层下就以气体存在。凝析气田天然气有一个奇怪的现象，把它从地下开采出后以后，由于地表压力、温度忽然下降，它就会分离为气液两相，气相是凝析气田天然气，液相是凝析液，被称作凝析油。在地下是气体，一旦到达地面就变成液体，是不是很神奇？

从开采角度，人们把天然气分为常规天然气和非常规天然气。常规天然气是指由常规油气藏开发出的天然气，包括采自气田的天然气和油田的伴生气。非常规天然气是指在地下的储存状态和聚集方式与常规天然气有明显差异的天然气。主要有页岩气、煤层气、致密砂岩气、深盆气、可燃冰及浅层生物气等。由于其成因、成藏机理与常规天然气不同，开发难度较大。常规天然气和非常规天然气的基本区别见表2-1。

表2-1　常规天然气和非常规天然气的基本区别

类别	气体名称	主要成分	存在地	状态
常规	天然气	甲烷	气田或油田伴生	聚集游离
非常规	页岩气	甲烷	泥岩、高碳泥岩、页岩及粉砂质岩类夹层	吸附和游离
	煤层气	甲烷	煤基质颗粒表面、煤孔隙	吸附为主、游离为辅
	致密砂岩气	甲烷	砂岩层、致密砂岩	分布游离

天然气是怎样生成的？天然气成因在学术界争论由来已久。按成因可分为4种类型，即生物成因气、油型气、煤型气和无机成因气。当然，自然界也广泛存在成因上既有无机来源又有有机来源混杂在一起的天然气，被视为混合成因气。但在勘探实践中，多用"混合气"来描述由油和煤、油和生物甲烷菌作用形成的天然气混合物。

生物成因气是指成岩作用阶段早期，在浅层生物化学作用带内，沉积的有机质经微生物的群体发酵和合成作用形成的天然气。生物成因气形成的前提条件是丰富的有机质和强还原环境。最有利于生气的有机母质是草本腐殖型-腐泥腐殖型，这些有机质多分布于陆源物质供应丰富的三角洲和沼泽湖滨带，通常含陆源有机质的砂泥岩系列最有利。生物成因气出现在埋藏浅、时代新和演化程度低的岩层中，其化学组成几乎全是甲烷，其含量一般>98%，高的可达99%以上，重烃含量很少，一般<1%，其余少量的CO_2和N_2。在我国东海、云南陆良、百色盆地等地都有生物成因的天然气田发现。

油型气包括湿气（石油伴生气）、凝析气和裂解气。它们是沉积有机质特别是腐泥型有机质在热降解成油过程中，与石油一起形成的，或者是在后成作用阶段由有机质和早期形成的液态石油热裂解形成的。

煤型气是指煤系有机质（包括煤层和煤系地层中的分散有机质）热演化生成的天然气。煤型气的原始有机质基本组成是碳水化合物及木质素，主要来自于各种门类的植物遗体。它们随着埋深的增加，经煤化作用演变成不同煤阶的煤，或者伴随矿物质经成岩作用形成腐殖型干酪根。从成因上讲，煤成气和煤层气都属于煤型气。煤成气由生气母岩（煤层、碳质泥岩、泥岩）中扩散、运移出来的部分煤型气。聚集并储存于其他储层（如砂岩、砾岩、灰岩）中，可形成不同规模的常规工业性气藏，是煤成气的主要部分，为勘探、开发主要对象。煤层气俗称"瓦斯"，主要成分是甲烷，是基本上未运移出煤层，以吸附、游离状态贮存于煤层及其围岩中的烃类气体，是煤的伴生矿产资源，属非常规天然气，其热值是通用煤的2～5倍，燃烧后几乎没有污染物，是近一二十年在国际上崛起的洁净、优质能源和化工原料。

无机成因气泛指无机物质在各种自然环境下经复杂地质作用形成的天然气，通常包括地球深部岩浆活动、变质作用、无机矿物分解作用、放射作用所形成的岩浆气、变质岩气和各种无机岩分解气以及宇宙空间所产生的宇宙气体。由此看来，这类天然气的形成一般是不涉及有机物质的参与和反应的。无机成因气属于干气，以甲烷为主，有时含CO_2、N_2、He及H_2S、Hg蒸汽等，或以它们的某一种为主，形成具有工业意义的非烃气藏。

此外，在地球的大气圈和岩石圈中还广泛存在着由上述各种成因气体混合而成的气体。这种混合成因气在物质组成、形成背景和贮存状态上往往各不相同，各具特色。

28. 天然气是怎么发现的？

在公元前6000年到公元前2000年间，伊朗首先发现了从地表渗出的天然气。许多早期的作家都曾描述过中东有原油从地表渗出的现象，特别是在今日阿塞拜疆的巴库地区。渗出的天然气刚开始可能用作照明，崇拜火的古代波斯人因而有了"永不熄灭的火炬"。

中国古人对天然气的利用有十分悠久的历史，特别是通过钻凿油井合并来开采石油和天然气的技术，在世界上也是最早的。中国古代天然气的开采和掘井技术与盐井开采紧密相连。四川开凿的许多盐井，同时也是天然气井，当时叫"火井"。西汉杨雄在《蜀都赋》中，已把火井列为四川的重要名迹之一，可见火井由来已久。

图2-21 汉代古火井

四川邛崃境内的火井镇，是世界上最早发现天然气的地方。从火井镇西行1km，可看到现存最早的火井遗迹，这是一眼古井，就在山脚下的路边（图2-21）。井台高约半米，由灰黑色的汉砖垒砌，砖壁的图案依然清晰。古井内径1m，井口呈六角形，俯身下看，井中犹有一汪清水照见人影。井旁，一座红砂石打造的石碑巍然矗立，碑高6m，顶端雕塑为烈焰升腾。碑的正面，对着大路，远远可见"汉代古火井"5个大字，侧面写着"世界第一井"。另一面为小字镌刻，记录着自汉代以来历代有关古火井的史实。

史料记载从2000多年以前的秦代就开始凿井取气煮盐了。公元一、二世纪，四川成都的制盐者已成熟地掌握用天然气熬制食盐的技术。最先记载中国用火井煮盐的是晋朝张华所著《博物志》，这在人类能源史上记下了光辉一页，它比英国1668年使用天然气约早13个世纪以上。在晋朝人常璩写的《华阳国志》里，描述秦汉时期应用天然气的一段话："临邛县有火井，夜时光映上昭。民欲其火，先以家火投之。顷许如雷声，火焰出，通耀数十里。以竹筒盛其火藏之，可拽行终日不灭也……取井火煮之，一斛水得五斗盐。家火煮之，得无几也。"由此得知早在2000多年前，人们就用竹筒装着天然气，当火把走夜路。而且用天然气煮盐，火力比普通火力大，出盐也多得多。

至于利用天然气煮盐，人们在实践中，认识到天然气能自燃而不助燃的性能，汉代就已克服了火井爆炸的困难，并且还用竹筒盛装天然气，类似今天的储存天然气的气罐，创造利用天然气的方法，关于利用火井煮盐更详细的记述，则见于《天工开物》，书中还绘有火井煮盐图。

为了开发石油和天然气，中国劳动人民在生产实践中逐步发明创造了一整套钻井技术。远在2200多年前的战国时代，中国人的祖先就已开凿较深的井，自汉代以来，劳动人民进而推广和改进了钻井机械。到宋代深井钻掘机械已形成一项相当复杂的机械组合。普遍废弃了大口浅井，凿成了筒井。到了明代，钻井机械设备和技术有了更进一步的发展。

与此相对的是，直到1659年在英国发现了天然气，欧洲人才对它有所了解，然而它并没有得到广泛应用。到了1790年，天然气才成为欧洲街道和房屋照明的主要燃料。在北美，石油产品的第一次商业应用是1821年纽约弗洛德尼亚地区对天然气的应用，他们通过一根小口径导管将天然气输送至用户，用于照明和烹调。世界天然气的开发利用，则以1925年美国铺设第一条天然气长输管道作为现代工业利用的标志。

29.天然气的成分与用途

天然气是以甲烷为主要成分的气体混合物，同时含有少量的乙烷、丙烷、丁烷等烷烃，还含有二氧化碳、氧、氮、硫化氢、水分等。我国四川产天然气，一般含甲烷95%以上；而各油田所产天然气，一般含甲烷80%左右，其余是烷烃类气体和其他组分。含硫化氢的天然气略带臭鸡蛋味，油田气却带汽油味。天然气一般无色，比空气轻，常温常压下，相对空气比，气田气为空气的55%左右；油田伴生气为75%左右。

天然气不溶于水，密度为0.7174kg/m^3，相对密度（水）为0.45（液化），燃点为650℃，爆炸极限（体积分数）为5%～15%。在标准状况下，甲烷至丁烷以气体状态存在，戊烷以上为液体。甲烷是最短和最轻的烃分子。

天然气中CO_2、H_2O、H_2S和其他含硫化合物是有害杂质，因此天然气在使用前也需净化，即脱硫、脱水、脱二氧化碳、脱杂质等。

天然气是一种重要能源。燃烧时有很高的发热值，对环境的污染也较小。天然气每立方燃烧热值为33480～35581kJ。天然气燃烧后无废渣、废水产生，相对于煤和石油等能源具有安全、热值高、清洁等优势。采用天然气作为能源，可减少煤和石油的用量，因而大大改善环境污染问题；天然气作为一种清洁能源，能减少二氧化硫和粉尘排放量近100%，减少二氧化碳排放量60%和氮氧化合物排放量50%，并有助于减少酸雨形成，舒缓地球温室效应，从根本上改善环境质量。天然气作为汽车燃料，具有单位热值高、排气污染小、供应可靠、价格低等优点，已成为世界车用清洁燃料的发展方向，而天然气汽车则已成为发展最快、使用量最多的新能源汽车。

天然气也是一种重要的化工原料。以天然气为原料的化学工业简称为天然气化工，主要有天然气制炭黑、天然气提取氦气、天然气制氢、天然气制氨、天然气制甲醇、天然气制乙炔、天然气制氯甲烷、天然气制四氯化碳、天然气制硝基甲烷、天然气制二硫化碳、天然气制乙烯、天然气制硫黄等。

总之，天然气的用途非常广泛。概括起来包括以下几个方面。

① 民用燃料　天然气价格低廉、热值高、安全性能、环境性能好，是民用燃气的首选燃料。

② 工业燃料　以天然气代替煤，用于工厂采暖、生产用锅炉以及热电厂燃气轮机锅炉。

③ 工艺生产　如烤漆生产线，烟叶烘干、沥青加热保温等。

④ 化工原料　如以天然气中甲烷为原料生产氰化钠、黄血盐钾、赤血盐钾等。

⑤ 压缩天然气汽车　用以解决汽车尾气污染问题。

30. 天然气是怎样开采出来的?

天然气也同原油一样埋藏在地下封闭的地质构造之中，有些和原油储藏在同一层位，有些单独存在。对于和原油储藏在同一层位的天然气，会伴随原油一起开采出来。

对于只有单相气存在的，称之为气藏，其开采方法既与原油的开采方法十分相似，又有其特殊的地方。由于天然气密度小，为 $0.75 \sim 0.8 \text{kg/m}^3$，井筒气柱对井底的压力小；天然气黏度小，在地层和管道中的流动阻力也小；又由于膨胀系数大，其弹性能量也大。因此天然气开采时一般采用自喷方式。这和自喷采油方式基本一样。不过因为气井压力一般较高加上天然气属于易燃易爆气体，对采气井口装置的承压能力和密封性能比对采油井口装置的要求要高得多。

天然气开采也有其自身特点。首先天然气和原油一样与底水或边水常常是一个储藏体系。伴随天然气的开采进程，水体的弹性能量会驱使水沿高渗透带窜入气藏。在这种情况下，由于岩石本身的亲水性和毛细管压力的作用，水的侵入不是有效地驱替气体，而是封闭缝洞或空隙中未排出的气体,形成死气区。这部分被圈闭在水侵带的高压气,数量可以高达岩石孔隙体积的30%～50%,从而大大地降低了气藏的最终采收率。其次气井产水后,气流入井底的渗流阻力会增加,气液两相沿油井向上的管流总能量消耗将显著增大。随着水侵影响的日益加剧,气藏的采气速度下降,气井的自喷能力减弱,单井产量迅速递减,直至井底严重积水而停产。

目前治理气藏水患主要从两方面入手,一是排水,二是堵水。堵水就是采用机械卡堵、化学封堵等方法将产气层和产水层分隔开或是在油藏内建立阻水屏障。

目前排水办法较多,主要原理是排除井筒积水,专业术语叫排水采气法。

小油管排水采气法是利用在一定的产气量下,油管直径越小,则气流速度越大,携液能力越强的原理,如果油管直径选择合理,就不会形成井底积水。这种方法适应于产水初期,地层压力高,产水量较少的气井。

泡沫排水采气方法就是将发泡剂通过油管或套管加入井中,发泡剂溶入井底积水与水作用形成气泡,不但可以降低积液相对密度,还能将地层中产出的水随气流带出地面。这种方法适应于地层压力高,产水量相对较少的气井。

柱塞气举排水采气方法就是在油管内下入一个柱塞。下入时柱塞中的流道处于打开状态,柱塞在其自重的作用下向下运动。当到达油管底部时柱塞中的流道自动关闭,由于作用在柱塞底部的压力大于作用在其顶部的压力,柱塞开始向上运动并将柱塞以上的积水排到地面。当其到达油管顶部时柱塞中的流道又被自动打开,又转为向下运动。通过柱塞的往复运动,就可不断将积液排出。这种方法适用于地层压力比较充足,产水量又较大的气井。

深井泵排水采气方法是利用下入井中的深井泵、抽油杆和地面抽油机,通过油管抽水,套管采气的方式控制井底压力。这种方法适用于地层压力较低的气井,特别是产水气井的中后期开采,但是运行费用相对较高。

31. 开采出来的天然气是怎样运输到用户的呢？

根据运输距离、使用情况的不同，把天然气运输分为不同的形式。目前，天然气有多种输送方式，主要包括压缩天然气（CNG）运输、液化天然气（LNG）运输和管道运输（PNG）等。

第一种方式叫压缩天然气运输，见图2-22。压缩天然气（compressed natural gas，简称CNG），是指给天然气加压到10～25MPa，天然气以气态形式储存在容器中。使用时打开阀门，减少压力，它自然就释放出来以供使用了。

图2-22　压缩天然气运输

如果天然气源距离使用地比较远，高压瓶太笨重就不方便运输了。此时，就把天然气液化，将温度降到约−162℃，天然气就由气态变为液态了，这就是液化天然气（liquefied natural gas，简称LNG）。液化天然气是天然气经压缩、冷却至其沸点（−161.5℃）温度后变成液体，液态的天然气体积约为同量气态天然气体积的1/625，通常液化天然气储存在−161.5℃、0.1MPa左右的低温储存罐内，用专用船或油罐车运输，见图2-23。这样，一次就可以运送更多的天然气，使用时重新气化。

图2-23 液化天然气储罐

第三种是使用天然气管道（PNG）运输，见图2-24。就是在气源处直接建立管道连接到用户使用的地方，这样就免于储存运输，更方便。利用天然气管道输送天然气，是陆地上大量输送天然气的唯一方式。在世界管道总长中，天然气管道约占一半。

图2-24 天然气管道

我国天然气长输管道蓬勃发展，全国性管网已逐步形成，大型稳定的气源常用管道输送至消费地区；近年来液化天然气技术有了很大发展，天然气液化后，可以用冷藏油轮或汽车进行运输，将天然气送到管道供气尚未覆盖的城镇。压缩天然气是一种理想的车用替代能源，其应用技术经数十年发展已日趋成熟。它具有成本低、效益高、无污染、使用安全便捷等特点，正日益显示出强大的发展潜力。

32. 煤层气：从"夺命瓦斯"到"澎湃动力"

煤层气又被称为"煤矿瓦斯"，是贮存在煤层和煤系地层的烃类气体，主要成分为甲烷，是煤的伴生矿产资源。当其在空气中浓度达到5%～16%时，遇明火会爆炸，一个意外的火花就可能酿成一场矿难悲剧，曾是煤矿安全生产的主要威胁之一，也因此得过巷道里"矿工杀手"的恶名。

另一方面，煤层气是上好的工业、化工、发电和居民生活燃料。$1m^3$煤层气大约相当于9.5度电、1.13kg汽油、1.21kg标准煤。煤层气的热值是通用煤的2～5倍，燃烧后几乎不产生任何废气，是当之无愧的"优质"清洁能源。在采煤之前，先行开采伴生其间的煤层气，不仅可以把煤矿瓦斯爆炸率降低70%～85%，从根本上提高煤矿安全环境，而且可以获得能源，产生巨大经济价值。

煤层气是一种储量丰富且分布范围较广泛的能源。根据相关统计，全球埋深小于2000m的煤层气资源约为$2.4×10^{14}m^3$，是常规天然气探明储量的两倍多。中国是煤层气资源丰富的国家，储量位居世界第三位，仅次于俄罗斯和加拿大。据勘查，埋深小于2000m的煤层气总储量约为$3.7×10^{13}m^3$，大致相当陆上常规天然气资源量，其中可采资源量超$1.2×10^{13}m^3$。

中国煤层气开发利用已经有超过50年历史，20世纪50年代到70年代，中国开始了煤层气的开采工作，但鉴于技术因素制约，当时主要采取的是井下抽放煤层气的开采方式，主要着眼点是减少煤矿瓦斯安全事故。1970—1990年间，中国煤层气进入试验勘探阶段，政府和科研机构积极尝试对煤层气进行勘探开发以及利用，并在个别条件较好的矿区进行了试采，为以后的煤层气开发提供了宝贵的数据和经验。

1990—2005 年，中国处于技术引进实践阶段。以中联煤层气有限责任公司（简称"中联公司"）为代表的中方企业大力引进国外先进技术进行煤层气勘探。

煤层气开发被列入了国家"十一五""十二五"和"十三五"能源发展规划，国家相继出台了一系列鼓励政策，推动煤层气开发利用进入新阶段，产量从 2007 年的约 $3.4 \times 10^9 m^3$，增长至 2017 年的约 $1.8 \times 10^{10} m^3$。我国《煤层气（煤矿瓦斯）开发利用"十三五"规划》提出，到 2020 年，建成 2 至 3 个煤层气产业化基地；煤层气抽采量达到 $2.4 \times 10^{10} m^3$，其中地面煤层气产量 $1.0 \times 10^{10} m^3$，利用率 90% 以上；煤矿瓦斯抽采 $1.4 \times 10^{10} m^3$，利用率 50% 以上；煤矿瓦斯发电装机容量 $2.8 \times 10^6 kW$，民用超过 168 万户。

改革开放 40 年来，中国在煤层气勘探开发领域取得了举世瞩目的成就，以一系列技术突破为先导，煤层气产业从无到有、从小到大迅速发展，大幅改善了煤矿安全生产环境，大大提高了采煤效率，率先发展成为大规模商业化开采和使用的非常规天然气之一，成为驱动中国经济快速发展的澎湃动力。

煤层气资源目前主要有两种开发方式：一是地面钻井开采；二是井下抽采。井下抽采意味着先采煤后采气，或者边采煤边采气，抽放的煤层气绝大部分仍然排入大气，得不到合理利用。而地面钻井开采则是先采气后采煤，为利用煤层气创造前提，也有利于改善煤矿的安全生产条件。显而易见，地面钻井开采是更为先进优良的方式，更能促进对能源资源的高效利用。

煤层气虽与煤炭伴随而生，但也有其自身独特的性质，不能完全按照油气勘探开发的方法对其进行开发，而是需采用符合其特点的方法。目前煤层气的排采机理为：抽排煤层承压水，降低煤储层压力，促使吸附态甲烷解吸为大量游离态甲烷，并在地层压力和井筒压力差的作用下运移至井口。

在含煤岩系中，除贮存有丰富的煤层气资源外，在煤层顶底板围岩中共生有丰富的页岩气、致密砂岩气资源，而且同样具有开发潜力。目前科技工作者正在研究把煤系地层视作一个整体，综合勘探开发煤系地层中的煤层气、页岩气、致密砂岩气（简称"煤系三气"）。若"煤系三气"综合开发，不仅可以减少勘探开发成本，增大非常规天然气总储量和技术可采资源量，还可以提高气井使用效率和单井利润。

目前，"煤系三气"综合开发，尚有很多问题需要解决，如"煤系三气"共生特点、共生机理的深入研究，综合开发技术的适配性优选等。因此，"煤系三气"共采具有极大的探索性、挑战性和创新性。

33. 页岩气是什么？

页岩气是从页岩层中开采出来的天然气，是一种重要的非常规天然气资源。从某种意义来说，页岩气藏的形成是天然气在源岩中大规模滞留的结果，其形成过程见图2-25。目前，页岩气已成为全球油气资源勘探开发的新亮点，与煤层气、致密砂岩气共同构成当

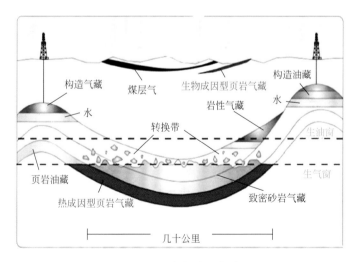

图2-25　页岩气的形成过程

今世界三大非常规天然气。

页岩气的富集具有自身的特点，主要分布在盆地内厚度较大、分布广的页岩层中。与常规天然气相比，页岩气具有开采寿命长和生产周期长的优点，大部分产气页岩分布范围广、厚度大，且普遍含气，这使得页岩气井能够长期地以稳定的速率产气。随着全球油气资源需求增加以及常规油气藏增产、稳产潜力下降，页岩气这种非常规能源受到越来越多的关注。

页岩气的组成与常规天然气相仿，主要成分是甲烷，并含有少量的乙烷、丙烷、丁烷、戊烷、二氧化碳、氮气。页岩气组成中，甲烷体积分数最低为79.4%，最高达到95.5%，乙烷、丙烷、丁烷、戊烷总体积分数最低为0.1%，最高到20.1%。因此，页岩气不仅是一种以甲烷为主的清洁、高效的能源资源，又是重要的化工原料。

据估计，全球页岩气资源约为$4.57 \times 10^{14} m^3$，同常规天然气资源量相当，页岩气技术可采资源量为$1.87 \times 10^{14} m^3$。其中北美地区拥有$5.5 \times 10^{13} m^3$，亚洲拥有$5.1 \times 10^{13} m^3$，非洲拥有$3.0 \times 10^{13} m^3$，欧洲拥有$1.8 \times 10^{13} m^3$，全球其他地区拥有$3.5 \times 10^{13} m^3$。技术可采资源量排名前11位国家是中国、美国、阿根廷、南非、墨西哥、澳大利亚、加拿大、利比亚、阿尔及利亚、巴西和波兰。这11个国家技术可采页岩气资源总量占全球的81.5%。美国可采储量超过$2.4 \times 10^{13} m^3$，中国可采储量为$3.6 \times 10^{13} m^3$，储量相当可观。中国页岩气资源丰富，国土资源部对我国页岩气资源进行了初步的地质勘探调查。根据2015年国土资源部资源评价最新结果，全国页岩气技术可采资源量$2.18 \times 10^{13} m^3$，其中海相$1.3 \times 10^{13} m^3$、海陆过渡相$5.1 \times 10^{12} m^3$、陆相$3.7 \times 10^{12} m^3$。全国页岩气资源主要分布在四川省、新疆维吾尔自治区、重庆市、贵州省、湖北省、湖南省、陕西省等，这些地区占全国页岩气总资源的68.87%。

页岩气发现于1821年，但由于页岩气作为一种非常规天然气较常规天然气开采难度大、开采成本相对较高，开发利用缓慢。世界上对页岩气资源的研究和勘探开发最早始于美国。经过多年的发展，美国已成为世界上唯一实现页岩气大规模商业性开采的国家。

美国拥有先进的钻采技术，并配备有完善的管网运输系统，形成了完整的产业链。美国已对密西根、印第安纳等5个盆地的页岩气进行商业性开采，2005年页岩气产量达到$1.98 \times 10^{10} m^3$，成为一种重要的天然气资源。数据显示，2010年美国页岩气产量已经超过了$1.0 \times 10^{11} m^3$。在过去的5年里，美国页岩气产量增长超过20倍——从2005年仅为其天然气总产量的1%，到2010年增长至美国天然气总产量的20%。受美国页岩气成功开发影响，全球页岩气勘探开发呈快速发展态势。

我国页岩气资源也很丰富，但开发还处于起始阶段。2004年以来，我国石油地质科技工作者开始了页岩气勘探开发基础理论的相关研究，在页岩气成藏机理、储量评价、资源量分类、页岩气渗流机理等方面取得了可喜的成果，为我国页岩气勘探开发奠定了理论基础。

目前国家正在积极推进页岩的开发利用工作，2011年，国家能源局提出页岩气"十二五"规划，2012年2月国土资源部公布页岩气正式成为新的独立矿种，为我国第172种矿产。按国务院指示精神，考虑页岩气自身特点和我国页岩气勘查开采进展以及国外经验，国土资源部将页岩气按独立矿种进行管理。2013年，能源局将页岩气开发纳入国家战略新兴产业。按照习近平总书记在中央财经领导小组第六次会议上提出的推动能源供给革命、消费革命、技术革命和体制革命指示精神，为加快我国页岩气发展，规范和引导"十三五"期间页岩气勘探开发，2016年9月国家能源局制订并发布了页岩气发展规划（2016—2020年）（国能油气[2016]255号）。"十三五"期间，我国经济发展新常态将推动能源结构不断优化调整，天然气等清洁能源需求持续加大，为页岩气大规模开发提供了宝贵的战略机遇。相信，随着各相关条件逐渐成熟，在不远的将来中国的页岩气勘探开发有望得到迅速发展。

34. 威201井：中国第一口页岩气井

中国第一口页岩气井——威201井（图2-26），位于距四川省成都市约300km的威远县新场镇，是中国石油部署在四川油气田威远地区的中国第一口页岩气评价井。于2009年12月开钻，2010年11月投产，标志着中国石油加快页岩气开发迈出的实质性步伐。

威201井处于威远气田之内。威201井成功后，威201-H1、201-H3两口井相继在威远诞生。页岩气开发第一井威201井整体设计施工均由中国石油川庆钻探工程有限公司川东钻探公司承担。目前这3口气井都正常生产，其中威201-H1井是高产水平井，每天采气量达$5 \times 10^4 \mathrm{m}^3$，这里产出的气已进入管网，进入千家万户了。

图2-26　中国第一口页岩气井——威201井

35. 页岩气利用途径与技术

页岩气的组成与常规天然气相似，主要成分是甲烷，并含有少量的乙烷、丙烷、丁烷、戊烷、二氧化碳、氮气。页岩气不仅能够替代常规天然气在能源领域的应用，而且在化工行业的应用较常规天然气更为广泛。页岩气中分离出大量的天然气凝析液（naturalgas liquid，NGL），凝析液NGL的主要成分为乙烷、丙烷，分别经裂解和脱氢后，即可分别获得乙烯、丙烯。甲烷、乙烷、丙烷是页岩气化工的3种最基础的原料，由此构成了页岩气化工产业链。

（1）提取裂解原料

页岩气中含有的乙烷、丙烷、丁烷、戊烷均属于优质裂解原料，乙烷裂解生产乙烯的收率高达80.5%，远高于传统的石脑油制乙烯35%的收率。美国近几年的页岩气开发有大量的湿气资源，使乙烷和丙烷的供应量大幅增加，乙烷裂解制乙烯已成为极具竞争力的工艺路线。

（2）页岩气制合成油

页岩气组成与天然气相似，将来也可用页岩气代替天然气来制备合成油。天然气制合成油（GTL）是天然气高效利用的途径之一，近几年来一直是业内广泛关注的热点。天然气生产的合成油属于清洁燃料，其优点在于不含硫、氮、镍杂质和芳烃等非理想组分，符合现代燃料的严格要求和日益苛刻的环境法规，从而为生产清洁能源开辟了一条新的途径。

目前，GTL技术已从试验阶段发展到了工业应用阶段，并以较大的技术、经济优势，受到了越来越多石油公司的关注。GTL工艺主要由合成气生产、F-T合成、合成油加工、反应水处理4部分组成。GTL装置流程见图2-27。

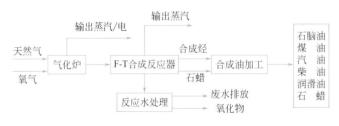

图2-27　GTL装置流程示意图

不同GTL生产工艺，其主要产品略有差别。GTL产品中，液化气可用作燃料；GTL石脑油是非常优质的乙烯装置原料，但不宜用作汽油调和组分，也不宜用作催化重整原料。GTL 柴油含硫量接近零，十六烷值为 70～80，相对密度为 0.78，闪点为 81℃，浊点为 -12℃，远优于常规炼油厂生产的清洁柴油，也远优于欧盟对超清洁柴油的规格要求。GTL 润滑油基础油不含硫，不含芳烃，倾点低，挥发性低，黏度指数高，氧化安定性好，生物降解率高，其质量远优于目前炼油厂生产的Ⅰ、Ⅱ、Ⅲ类基础油。石蜡的外观不透明，白色，基本无味，具有高线性度和窄碳数分布，用于色料或香料中颇为理想。

（3）页岩气制氢

页岩气中的甲烷制备氢气可通过两种工艺路线来实现：一种是通过制备合成气（H_2 和 CO 的混合气）从而得到氢气；另一种是甲烷催化裂解反应产生氢气。这两种方法首先都要活化甲烷分子，但甲烷分子惰性很强，反应条件苛刻。传统的制氢方法较多，如水蒸气甲烷重整（SRM）、甲烷部分氧化（POM）、甲烷自热重整（ATR）等。SMR 工艺的生产技术较为成熟，但该过程会产生 CO_2，因此需要增加 CO_2 捕获和储存装置，这会使制氢的成本提高 20%～50%。POM 工艺过程能耗低，可采用大空速操作，无需外界供热，可避免使用耐高温的合金钢管反应器，采用极其廉价的耐火材料堆砌反应器即可，装置的固定投资明显降低，但尚未见到该技术工业化的相关报道。ATR 工艺是一种新型制氢方法，其基本原理是在反应器中耦合了放热的甲烷部分氧化反应和强吸热的甲烷水蒸气重整反应，因此反应体系本身可实现自供热。

（4）页岩气制甲醇

随着甲醇制烯烃（MTO）工艺的大规模应用，国内外甲醇的需求量逐年增加。如将页岩气制成甲醇将有利于缓解国内甲醇大量进口的局面。经合成气制备甲醇是当前工业生产甲醇的主要方法，但直接利用甲烷为原料，一步合成甲醇一直是科研人员探索的课题，并取得一定的进展。

目前，直接合成甲醇的方法主要有甲烷部分氧化、水合甲醇等。甲烷直接部分氧化制备甲醇的关键技术是催化剂，常见的催化剂主要是过渡金属的氧化物。如张小平等以SiO_2为载体，磷钨酸为催化剂，醋酸为液相试剂，进行了甲烷部分氧化制备甲醇的实验研究。甲烷首先转化生成醋酸甲醋，醋酸甲醋进一步水解生成甲醇。在压力为0.1MPa、温度为267～280℃条件下，甲烷转化率为26.61%，甲醇选择性为97.26%。甲烷和水直接合成甲醇和H_2，具有天然气资源和清洁氢能源综合开发利用的应用价值。桑丽霞等在固定床环隙反应器中，在反应温度为150℃、MoO_3-TiO_2/SiO_2催化剂作用下，甲烷和水合成了目的产物甲醇和H_2，甲醇选择性达87.3%。

（5）页岩气制乙烯

乙烯作为基础工业原料，在石化工业中占有重要的地位。如页岩气中的甲烷转化成乙烯，将会是页岩气化工利用的最有前景的路线之一。甲烷制乙烯的方法分为一步法、二步法、三步法。

三步法分为甲醇路线、二甲醚路线、乙醇路线。即将甲烷制合成气，经催化反应分别生成甲醇、二甲醚、乙醇，再生成乙烯。甲醇路线也就是MTO法，是目前广泛应用的新工艺。

二步法主要有合成气路线、氧化路线和氯化路线。合成气路线，将甲烷经合成气直接生成乙烯；氧化路线，即将甲烷氧化生成甲醇，用MTO法制成乙烯；氯化路线，首先将甲烷转化为一氯甲烷，再转化为乙烯。二步法工艺正处于研究阶段，未达到工业生产的要求。

一步法包括氧化偶联法、选择性氧化法。经过近十余年的努力，国内中国科学院兰州化学物理研究所、中国科学院成都有机研究所等在氧化偶联法方面的研究成果比较显著，其水平在国际上处于先进地位。最近，韩国LG化学公司正在进行甲烷生产乙烯的技术开发。

由于二步法、三步法的工艺流程较长，随着天然气、页岩气价格逐渐增加，将不再具备经济上的优势。尽管一步法工艺尚不具备工业应用条件，但该技术的经济意义巨大，工业化前景值得期待。

（6）页岩气制芳烃

页岩气中的甲烷也可经催化过程转化为芳烃，将极大地增加产品的附加值。甲烷制芳烃方法分为部分氧化法、无氧脱氢法。部分氧化法的甲烷转化率很低，芳烃选择性和收率也很低，且产生大量的二氧化碳气体，在经济上不具备开发前景。1993年，中国科学院大连化学物理研究所在国际上首先报道了甲烷无氧脱氢芳构化制芳烃的研究成果。目前，甲烷无氧脱氢芳构化已经成为甲烷利用研究中的一个重要分支，是目前甲烷直接转化的主要研究内容之一。

（7）页岩气制纳米碳材料

页岩气不仅可以高效地转化为高品质液体燃料和高附加值的化学品，也可用来制备碳纳米管、纳米碳纤维、纳米碳颗粒等具有特殊性能的材料。以甲烷为碳源、过渡金属为催化剂时，反应产物主要是碳纳米管、纳米碳纤维或纳米碳颗粒。用甲烷制得的碳纳米管管径很均匀，且纯度很高，看不到杂质。由甲烷制备纳米碳材料具有原料价格优势，工业化应用前景巨大。

随着国内页岩气开采技术的进步，页岩气产量的大幅增长，页岩气深加工将会成为我国化工业界的重要组成部分。

第四章

水 能

36. 水是能源吗？

在人类生活的地球上，水的蕴藏量非常丰富，在地球表面有三分之二多的面积被水覆盖。水在人们的生命起着重要的作用，是生命的源泉，是人类赖以生存和发展的最重要物质资源之一，也是一种取之不尽用之不竭的绿色能源。

在地球上，海水朝夕涨落、江河日夜奔流、海水涨落和江河的奔流都具有大量的动能。从能量的角度来看，流动的水具有动能，如果水从山上流下便具有动能和重力势能。水能是指天然水流蕴藏的能量，主要是指水的势能和动能。广义的水能资源包括河流水能、潮汐能、波浪能、海流和潮流能等，潮汐能、波浪能等常被称作新能源；狭义的水能资源是指河流水能。

对于水中蕴藏的能量，可以这样理解：水体在高位处具有势能，"水往低处流"的过程中势能转化为动能并释放出来；在太阳辐射和重力的作用下，水蒸发进入大气，又以雨雪等形式降落到陆地和海洋，处于高位的水体产生径流汇入河川，再流入海洋。这个过程称为"水文循环"，周而复始，永不停止。因此水能资源具有重复再生的特点，和太阳能、风能、生物质能等同属于可再生能源。

水能是自然界广泛存在的能源，人类开发利用水能资源的历史源远流长。我国是世界上利用水能最早的国家之一。最初，人们以机械的形式利用这种能量。早在1900多年前，我们的祖先就制造了木制的水轮，利用流水冲击水轮转动带动水磨来汲水、磨粉、碾谷。我国明代的科学家宋应星，在他的著作《天工开物》中，曾详细地记载了古代人民对水能的利用。甘肃岷县蒲麻镇平轮水磨如图2-28。

图2-28 甘肃岷县蒲麻镇平轮水磨

到了18世纪，随着生产规模的扩大，社会越来越需要强大的动力机，这种需要推动了科学技术的发展，人们开始制造大功率的水轮机来供纺织厂、冶金厂使用。由于构成水能资源的最基本条件是水流和落差（水从高处降落到低处时的水位差），流量大、落差大，所包含的能量就大，即蕴藏的水能资源大。所以当时的水轮机一般安装在水的流量大、流速大的地方，工厂也必须建造在河流边。

近代对水能的利用，也越来越广泛。19世纪人类掌握了水力发电技术，将水能转换为电能。1882年，全世界第一座水电站在美国威斯康星正式投入使用；中国于1912年建成第一座水电站——昆明石龙坝水电站（图2-29）。

图2-29 昆明石龙坝水电站

常规的水力发电是指对陆地水系的能源利用，其基本原理是，利用河川、湖泊等位于高处的水体所具有的势能，当水流降落至低处时，带动水轮机，从而将水中的势能转换成动能，再通过水轮机推动发电机产生电能。

早期的水电站规模非常小，只为电站附近的居民服务。随着输电网的发展及输电能力的不断提高，水力发电逐渐向大型化方向发展。人类利用水轮机带动发电机发电，再把电输送到工厂中去，这样工厂就可以建造在远离江河的更合适的地方，扩大了水能的使用范围。随着科学技术的发展，人们能制造出越来越大、越来越好的水轮机。现代的大型水轮机不但功率大，目前单机容量可达 5×10^5 kW，而且效率高达90%以上。这样的一台水轮发电机能供给一座大城市的全部用电。当然要推动大型水轮机发电，需要水流具有很大能量，通常在河流上修筑堤坝来提高水位，水位提高，水的势能增加。

典型的水电站由三部分组成，即蓄水的水库、控制水流的大坝和产生电力的发电机。水电站具有发电成本低、高效灵活的优点，同时还可以与防洪、灌溉、航运、养殖、旅游等多个方面组成水资源综合利用体系。水能在转换为电能的过程中不发生化学变化，不排出有害物质，对空气和水体本身不产生污染，因此是一种取之不尽、用之不竭的清洁能源。

我国的水资源非常丰富，有较大的河流1500多条，水能蕴藏量达6.8×10^8kW，其中可开发利用的3.8×10^8kW，居世界第一位。新中国成立以来，在水能利用上已取得很大成绩，在黄河、长江上修建了大型水电站。如在长江干流上已建成的葛洲坝水电站，发电能力为2.715×10^6kW。三峡水电站是世界上建筑规模最大的水利工程，也是中国有史以来建设最大型的工程项目。三峡大坝轴线长2309.74m，装有26台70×10^4kW的水轮发电机组，双线5级船闸加升船机，无论单项、总体都是世界建筑规模最大的水利工程。三峡水电站，总装机容量2.24×10^7kW，年发电量8.47×10^{10}kW·h以上。

目前，河流水能是人类大规模利用的水能资源，潮汐水能也得到了较成功的利用，波浪能和海流能资源则正在进行开发研究。

37.水电站是怎样靠水发电的?

水能是自然界广泛存在的一次能源，它可以通过水力发电站方便地转换为优质的二次能源——电能。水力发电站是利用水位差产生的强大水流所具有的动能进行发电的电站，简称"水电站"。水力发电是最成熟的可再生能源发电技术，在世界各地得到广泛应用。水力发电对环境无污染，因此水能是世界上众多能源中永不枯竭的优质能源。

那么，水电站是如何发电的呢？水力发电的基本原理是利用河流、湖泊等位于高处具有势能的水流至低处，将其中所含势能转换成水轮机之动能，再借水轮机为原动力，推动发电机产生电能。水力发电在某种意义上讲是水的位能转变成机械能，再转变成电能的过程。水电站基本设备水轮机和发电机组如图2-30。

水电站先蓄水，使水具有一定的机械能，当开闸放水时，高处的水以一定的通道流向水坝另一侧，当水流通过水轮机时，水轮机受水流推动而转动，水轮机带动发电机发电，机械能转换为电能。位于中国湖南省沅陵县沅水支流酉水河上的凤滩水电站（图2-31），

图2-30 水轮发电机组

图2-31 凤滩水电站

坝址为"U"形河谷，坝体混凝土工程量约 $1.17 \times 10^6 \, m^3$，1970年10月开工，1978年5月第一台机组发电，1979年完工，是我国第一座空腹重力拱坝。

水电站有各种不同的分类方法。按照水电站利用水源的性质，可分为三类：① 常规水电站，利用天然河流、湖泊等水源发电；② 抽水蓄能电站，利用电网中负荷低谷时多余的电力，将低处下水库的水抽到高处上水库存蓄，待电网负荷高峰时放水发电，尾水至下水库，从而满足电网调峰等电力负荷的需要；③ 潮汐电站，利用海潮涨落所形成的潮汐能发电。目前，我国已建成三峡、葛洲坝等各类常规水电站，建成了潘家口等大型抽水蓄能电站和浙江省的江厦潮汐电站。

38. 古老的中国水车

当我们走到一些景区，如凤凰古镇、丽江古城等，都会看到中国水车的身影。水车又称孔明车，是我国最古老的农业灌溉工具，流行于华北、东北、华中等地区。中国自古就是以农立国，水车是先人们在征服世界的过程中创造出来的高超劳动技艺，是珍贵的历史文化遗产。水车又是一种文化符号，体现了中华民族的创造力。

中国民间最早的汲水用具应该是"桔槔"。《庄子·外篇·天地篇》中，记载子贡南游，反途路过汉阴时，看到一个老丈人辛苦的抱瓮汲水灌溉，事倍而功半，于是告诉老翁一种省力的器具，名曰之"槔"。它的制作方式是："凿木为机，后重前轻，掣水若抽，数如沃汤"。也就是用一条横木支在木架上，一端挂着汲水的木桶，一端挂着重物，像杠杆似的，可以节省汲水的力量。从抱瓮灌地到桔槔汲水初步利用器械，可以说是水车发明的先驱。

中国正式文字记载中的水车，大约到东汉时才产生。东汉末年灵帝时，命毕岚造"翻车"，已有轮轴槽板等基本装置。后来经三国时孔明改造完善后在蜀国推广使用，隋唐时广泛用于农业灌溉，至今已有1700余年历史。

中国水车外形酷似古式车轮，见图2-32。轮辐直径大的20m左右，小的也在10m以上，可提水高达15～18m。轮辐中心是合抱粗的轮轴，以及比木斗多一倍的横板。一般大水车可灌溉农田六七百亩，小的也可灌溉一二百亩。水车省工、省力、省资金，在古代可以算是最先进的灌溉工具了。

图2-32 中国水车

在兰州水车又名"天车""翻车""老虎车"，对于它的由来，还要从明嘉靖年间说起。段续，明嘉靖二年（1523年）中进士，在任曾环游南方数省，对南方木制筒车产生了浓厚的兴趣。便详察其构造原理，绘成图样。晚年回故里后致力于水车的仿制，几遭失败。于是二下云南考察，获得水道翻水之巧思，结合黄河水急等特点，终于在嘉靖三十五年（1556年）制成了喇叭口水巷、凹形翻槽和巨轮式的黄河水车。段续的水车成功后，黄河两岸的农民争相仿制，一时间黄河水车四起，使干旱少雨的兰州黄河两岸农田得惠于段续所创制的黄河水车。水车，便成为古代黄河沿岸最古老的提灌工具。到清代，兰州黄河两岸架设的水车已达300多架，成为了黄河兰州段上独有的文化风景。清道光年间诗人叶礼赋诗曰："水车旋转自轮回，倒雪翻银九曲隈。始信青莲诗句巧，黄河之水天上来"。清末兰州山水画家温筱舟的画《汛月》中就有兰州水车的身影。

历经四百余年，兰州水车日臻完善。它构造独到、工艺精湛、雄浑粗犷、风格独特。至1952年，兰州有水车252架。水车林立于黄河两岸，蔚为壮观，成为金城一道独特的风景线。由此，兰州被誉为"水车之都"而知名于国内外。20世纪50年代以后，电力提灌逐渐兴起，兰州境内的200多架老水车因完成了历史使命而陆续被拆除、散落，唯独下川村水车被保存了下来。2001年，这架已有160多年的老水车被列为省级文物以后，下川村人把它当作村子的文化祖业和旅游资源精心维护，停转四年后又转了起来。

几百年来，世事沧桑，水车在原有引流灌溉的主要功能上，同时附加了丰富的旅游内涵。2005年8月26日，被誉为"水车之都"的兰州建起了一处水车博览园（图2-33），再现了50多年前黄河两岸水车林立的壮观景象。如今的水车博览园，已经成为向游人宣传展示古老黄河水车的一个独具特色的窗口。兰州水车是黄河文化的重要组成部分，它体现了中华民族的创造力，为中国农业文明和水利史研究提供了见证。

图2-33　兰州水车博览园

第三篇

新能源

　　新能源是指传统能源之外的各种能源形式，指刚开始开发利用或正在积极研究、有待推广的能源，如太阳能、地热能、风能、海洋能、生物质能和核能等。新能源的各种形式都是直接或者间接地来自于太阳或地球内部所产生的热能。

　　一般地说，常规能源是指技术上比较成熟且已被大规模利用的能源，而新能源通常是指尚未大规模利用、正在积极研究开发的能源。因此，煤、石油、天然气以及大中型水电都被看作常规能源，而把太阳能、风能、现代生物质能、地热能、海洋能以及核能、氢能等看作新能源。相对于常规能源而言，在不同的历史时期和科技水平情况下，新能源有不同的内容。按类别可分为太阳能、风力发电、生物质能、生物柴油、燃料乙醇、燃料电池、氢能、垃圾发电、建筑节能、地热能、二甲醚、可燃冰等。

　　新能源具有以下共同的特点：① 资源丰富，可再生，可供人类永续利用；② 能量密度低，开发利用需要较大空间；③ 不含碳或含碳量很少，对环境影响小；④ 分布广，有利于小规模分散利用；⑤ 间断式供应，波动性大，对持续供能不利；⑥ 目前除水电外，可再生能源的开发利用成本较化石能源高。

　　综上，相对于传统能源，新能源普遍具有污染少、储量大的特点，对于解决当今世界严重的环境污染问题和资源（特别是化石能源）枯竭问题具有重要意义。未来，随着石油、煤矿等矿产资源的减少，核能、太阳能等新能源或将成为主要能源。

第一章

太 阳 能

39.太阳的能量是如何获得的?

　　太阳能是指来自于太阳的能量。在众多的能源中，和人类关系最为密切的首推太阳能。动植物的生长、人类的活动都离不开太阳。这个发光发热的大火球已经存在了50亿年之久。你是否了解太阳?

　　（1）太阳——巨大的核能火炉

　　太阳距地球 $1.5 \times 10^8 km$，它的直径大约是 $1.39 \times 10^6 km$，大约是地球的110倍，体积是地球的130万倍，质量是地球的33万倍。太阳是一个炽热的大气球，核心温度高达 $1.5 \times 10^7 ℃$（图3-1）。

　　太阳的主要组成成分是氢和氦，其中氢占78%，氦占20%，其他元素占2%。在异常的高温高压下，原子失去全部或大部分核外电子，它们在高速运动和互相碰撞中发生多种核反

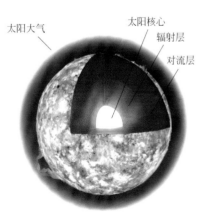

图3-1　太阳能量来自核聚变

应，最重要的是氢核聚合成氦核的反应，即热核反应。

在太阳内部，氢原子核在超高温下发生聚变，释放出巨大的核能。因此，太阳核心每时每刻都在发生氢弹爆炸，太阳就像一个巨大的"核能火炉"。

太阳核心释放的能量向外扩散，使得太阳表面温度约6000℃，大部分太阳能以热和光的形式向四周辐射开去。太阳至今已经稳定地"燃烧"了近50亿年，而且还能继续"燃烧"50亿年。因此可以说太阳的能量是取之不尽用之不竭的。

（2）太阳是人类能源的宝库

太阳光已经照耀地球近50亿年，地球在这近50亿年中积累的太阳能是我们今天所用大部分能量的源泉。人类所需能量的绝大部分都直接或间接地来自太阳。太阳光到达地球后，会转化成各种形式的能量。地球上的风能、水能、海洋温差能、波浪能和生物质能都是来源于太阳，化石燃料（如煤炭、石油、天然气等）从根本上说也是在开采上亿年前地球接收的太阳能。植物通过光合作用释放氧气、吸收二氧化碳，并把太阳能转变成化学能在植物体内贮存下来。煤炭、石油和天然气等化石燃料也是由古代埋在地下的动植物经过漫长的地质年代演变形成的一次能源，这些化石燃料的"年龄"都有上亿年了。远古时期陆地和海洋中的植物，通过光合作用，将太阳能转化为生物体的化学能。在它们死后，躯体埋在地下、海底腐烂，沧海桑田，经过几百万年的沉积、化学变化、地层的运动，在高压下渐渐变成了煤炭和石油。在石油形成过程中还放出天然气。所以，我们开采化石燃料来获取能量，实际上是在开采上亿年前地球所接收的太阳能。

由太阳辐射的能量，使地面受热，使空气受热生风，使水蒸发后变为水蒸气，水蒸气到高空后凝结成云，以雨、雪等形式落下来，转化为水的动能，此能量的一部分被用于水力发电。人类再把电能转化为机械能、内能、光能和化学能等来供给生产和生活上的需要。

太阳能具有以下优点。首先，太阳能最大的特点是能量巨大。

在地球上，没有任何能源能与太阳能相比拟。太阳能是太阳内部高温核聚变反应所释放的辐射能。每年到达地球表面的太阳辐射能大约是 1.3×10^{14} t 标准煤，相当于目前全世界每年所消耗的各种能量总和的 1 万倍。其次，太阳能具有典型的再生性，是典型的可再生能源。而且，正是由于太阳能的可再生性，决定了其他几乎所有的可再生能源的再生性。换句话说，其他几乎所有再生能源的再生性都来源于太阳能的再生性。第三，太阳能在时间上是长久的，据科学家推算，太阳像现在这样不停地进行核聚变，连续辐射能量，可维持 60 亿年以上，对于人类来说，太阳能几乎可以说是一种取之不尽、用之不竭的永久性能源。第四，太阳能是广泛的，在整个地球表面上，几乎都被太阳光所普照。太阳能获取方便，处处可以利用，既无需挖掘开采，也无需运输。第五，太阳能安全、清洁，开发利用太阳能不会给环境带来污染。所有这些，都促使人们对直接利用太阳能日益感兴趣。

当然，太阳能的利用也存在以下缺点。① 分散性。到达地球表面的太阳辐射的总量尽管很大，但是能流密度很低。平均说来，北回归线附近，夏季在天气较为晴朗的情况下，正午时太阳辐射的辐照度最大，在垂直于太阳光方向 $1m^2$ 面积上接收到的太阳能平均有 1000W 左右；若按全年日夜平均，则只有 200W 左右。而在冬季大致只有一半，阴天一般只有 1/5 左右，这样的能流密度是很低的。因此，在利用太阳能时，想要得到一定的转换功率，往往需要面积相当大的一套收集和转换设备，造价较高。② 不稳定性。由于受到昼夜、季节、地理纬度和海拔高度等自然条件的限制以及晴、阴、云、雨等随机因素的影响，使得到达某一地面的太阳辐照度既是间断的，又是极不稳定的，从而给太阳能的大规模应用增加了难度。为了使太阳能成为连续、稳定，能够与常规能源相竞争的替代能源，就必须很好地解决蓄能问题，即把晴朗白天的太阳辐射能尽量贮存起来，以供夜间或阴雨天使用，但目前蓄能也是太阳能利用中较为薄弱的环节之一。③ 效率低和成本高。目前太阳能利用的发展水平，有些方面在理论上是可行的，技术上也是成熟的。但有的太阳能利用装置，因为效率偏低，成本较高，总的来说，经济性还不能与常规能源相竞争。在今后相当一段时期内，太阳能利用的进一步发展，主要受到经济性的制约。由于上述3个缺点，给太阳能的开发和利用带来很大的困难，也是造成今天太阳能开发利用比例很低的根本原因。

40. 太阳能的利用历史

太阳能既是新兴的能源，更是古老的能源。早在古代，中国人就会利用太阳投射出的热来晒海盐、干燥农副产品，古代对太阳能的简单利用也逐渐打开了人们对这种可再生能源的研究与利用。西周时期，《淮南子·天文训》载："故阳燧见日则燃而为火。"充分说明，中国先民早在3000年前就利用阳光聚焦高温原理取火。"阳燧取火"就是用凹面铜镜汇聚阳光点燃艾绒取得火种。全国很多地方都发现大量不同大小规格的"阳燧"，20世纪50年代，我国考古专家在三门峡市区北部的虢国太子墓葬中出土了一件用青铜制作的珍贵文物——阳燧，它的工艺精美绝伦，面对太阳便可聚光点燃棉絮等可燃物，从而印证了我国古代《周礼》等史志中"阳燧以铜为之，向日则生火"的记载。2006年10月，一个直径1.4m、厚4cm，重1.2t的一件"虢国阳燧"特大复制品在河南省三门峡虢国博物馆成功撷取天火（图3-2），再一次验证了《周礼》等史志中"阳燧以铜为之，向日则生火"的记载。

人类利用太阳能已有3000多年的历史。将太阳能作为一种能源和动力加以利用，只有300多年的历史。近代太阳能利用历史可以从1615年法国工程师所罗门·德·考克斯发明的世界上第一台太阳能驱动的发动机算起。该发明是一台利用太阳能加热空气使其膨胀做功而抽水的机器。

1854—1874年，世界上第一台太阳能蒸汽发动机问世。这个发明打开了太阳能在除热源以外的其他应用方向，是太阳能发展史上的一次革命性的创新。

图3-2　特大型阳燧聚焦点火

到了20世纪，太阳能才被多方面应用，发展也开始变得多元化。从1900年开始，科学家广泛展开了太阳能动力装置的研究。1901年，美国加州建成一台太阳能抽水装置；1908年，美国建造了5套双循环太阳能发动机；1913年，埃及开罗建成一台由5个抛物槽镜组成的太阳能水泵。

从1940年开始，科学家展开了太阳能电池的研究。1945年，美国贝尔实验室研制成实用型硅太阳能电池，为太阳能发电大规模应用奠定了基础。

从1950年开始，科学家展开了利用太阳能集热的研究。1955年，以色列研究人员开发出实用的黑镍等选择性涂层，为高效太阳能集热器的发展创造了条件。1952年，法国国家研究中心在比利牛斯山东部建成一座功率为50kW的太阳炉。1960年，美国建成世界上第一台太阳能热空调。

1992年联合国在巴西召开"世界环境与发展大会"，会议通过了《里约热内卢环境与发展宣言》《21世纪议程》和《联合国气候变化框架公约》等一系列重要文件，太阳能当然成为了环境发展中的重要能源角色，人们将太阳能的发展与可持续发展紧密结合，太阳能在这个时期得到了高速发展。

41. 太阳能的利用方式有哪些?

人类利用太阳能的基本方式可以分为三大类：第一种方法是把太阳的辐射能变成热能，叫作光热转换；第二种方法是把太阳的辐射能变成电能，叫作光电转换；第三种方法是把太阳的辐射能转变成化学能，叫作光化学转换。

光热转换即利用集热器或者聚光器来得到100℃以下的低温热源和1000℃到4000℃的高温热源。由于太阳能比较分散，必须设法把它集中起来，所以在太阳能的热利用中，集热器是各种利用太阳能装置的关键部分，集热器工作原理见图3-3。由于用途不同，集热器及其匹配的系统类型分为许多种，名称也不同，如用于炊事的太阳灶、用于产生热水的太阳能热水器、用于干燥物品的太阳能干燥器、用于熔炼金属的太阳能熔炉，以及太阳房、太阳能热电站、太阳能海水淡化器等。

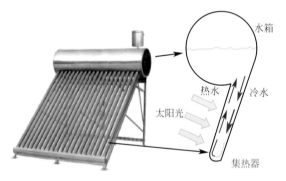

图3-3 集热器工作原理

集热器一般可分为平板集热器、聚光集热器和平面反射镜等几种类型。平板集热器一般用于太阳能热水器等。

聚光集热器可使阳光聚焦获得高温，焦点可以是点状或线状，用于太阳能电站、房屋的采暖（暖气）和空调（冷气）、太阳炉等。按聚光镜构造有"菲涅尔"透镜、抛物面镜和定日镜。

平面反射镜用于塔式太阳能电站，有跟踪设备，一般和抛物面镜联合使用。平面镜把阳光集中反射在抛物面镜上，抛物面镜使其聚焦。

太阳能热水器是将太阳光能转化为热能的加热装置，将水从低温加热到高温，以满足人们在生活、生产中的热水使用。太阳能热水器按结构形式分为真空管式太阳能热水器和平板式太阳能热水器。再如太阳能制冷空调就是将太阳能系统与制冷机组相结合，利用太阳能集热器产生的热量驱动制冷机制冷系统。整机没有任何氟利昂类化学产品，达到完全无污染和接近零运行费用。

光电转换即把太阳光能直接变成电能。它是利用某些物质的光电效应把太阳辐射能直接变成电能，它的核心就是太阳能电池。目前，主要的太阳能电池有硅电池、硫化镉电池、砷化镓电池和砷化镓-砷化铝镓电池。

光化学转换即利用光化学反应可以将太阳能转化为化学能。主要有3种方法，即光合作用、光化学作用（如光分解水制氢）和光电转换（光转换成电后电解水制氢）。绿色植物的光合作用就是一个光化学转换过程，植物通过光合作用，把二氧化碳和水合成有机物（生物质能）并放出氧气。光合作用是地球上最大规模转换太阳能的过程，现代人类所用燃料是远古和当今光合作用固定的太阳能。光合作用能量转换效率一般只有百分之几。目前，光合作用机理尚不完全清楚，今后对其机理的研究具有重大的理论意义和实际意义。

在太阳能利用方式中，光-热转换的技术最成熟，产品也最多，成本相对较低。如太阳能热水器、开水器、干燥器、太阳灶、太阳能温室、太阳房、太阳能海水淡化装置以及太阳能采暖和制冷器等。在光热转换中，当前应用范围最广、技术最成熟、经济性最好的是太阳能热水器的应用。

42. 太阳能是怎么发电的？

太阳能发电是将太阳的辐射能转换电能的发电方式。太阳能发电有两大类型：一类是太阳热发电（亦称太阳能热发电），另一类是太阳光发电（亦称太阳能光发电）。不论产销量、发展速度和发展前景，光热发电都赶不上光伏发电。通常民间所说的太阳能发电往往指的就是太阳能光伏发电，简称光电。

太阳能热发电，即利用太阳辐射所产生的热能发电，也叫聚焦型太阳能热发电（concentrating solar power，简称CSP）。一般是用太阳能集热器将所吸收的热能转换为工质的蒸汽，然后由蒸汽驱动汽轮机带动发电机发电。前一过程为光-热转换，后一过程为热-电转换。与常规热力发电类似，只不过是其热能不是来自燃料，而是来自太阳能。太阳能热发电系统如图3-4。

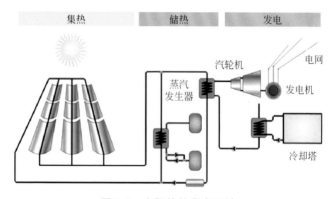

图3-4　太阳能热发电系统

当前太阳能热发电按照太阳能采集方式可划分为太阳能槽式发电、太阳能塔式热发电、太阳能碟式热发电（又称斯特林发电）。

槽式发电是最早实现商业化的太阳能热发电系统。槽式太阳能热发电系统全称为槽式抛物面反射镜太阳能热发电系统，是将多个槽型抛物面聚光集热器经过串并联的排列，利用大面积的槽式抛物面反射镜将太阳光聚焦反射到线形接收器（集热管）上，通过管内热载体将水加热成蒸汽，同时在热转换设备中产生高压、过热蒸汽，然后送入常规的蒸汽涡轮发电机内进行发电。槽式太阳能热电系统如图3-5。

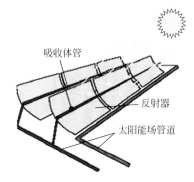

图 3-5　槽式太阳能热电系统

2014年2月13日，位于美国内华达州柏德市的全球最大的太阳能发电厂"Ivanpah 太阳能发电系统"（"内华达太阳能一号"槽式太阳能热电厂）正式启用，该电厂由西班牙阿希奥纳集团负责建造，占地面积250英亩（约合 $1.0 \times 10^6 m^2$），拥有18.2万块凹面镜，装机容量64MW，可为14000个家庭提供足够的电能。

塔式太阳能热发电是采用一组独立跟踪太阳的定向反射镜（定日镜），将太阳热辐射反射到置于高塔顶部的高温集热器（太阳锅炉）上，加热工质产生过热蒸汽，或直接加热集热器中的水产生过热蒸汽，驱动汽轮机发电机组发电。塔式太阳能热电系统如图3-6。

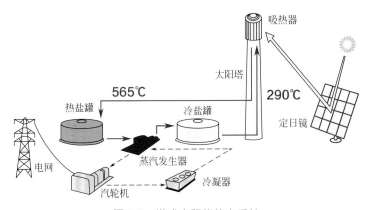

图 3-6　塔式太阳能热电系统

2013年，我国首个、亚洲最大的塔式太阳能热发电电站——八达岭太阳能热发电实验电站（图3-7）在延庆县建成发电。该电站由100面巨伞般的定日镜追着太阳转，把阳光反射到119m高的集热塔上，安装在塔顶的吸热器吸收太阳能，再用这些热能加热水，通过水蒸气推动汽轮机发电。整个发电过程不消耗不可再生资源，没有污染，绿色可持续。它是亚洲首座MW级太阳能塔式热发电技术应用项目，为国家科技部"十一五"国家高技术研究发展计划重点项目，由中国科学院电工研究所承担研究建设任务。它标志着中国人掌握了太阳能热发电技术，这是我国太阳能热发电领域的重大自主创新成果。这使我国成为继美、德、西班牙之后的世界上第四个集成大型太阳能热发电站国家。

图3-7　八达岭太阳能热发电实验电站

碟式（又称盘式）太阳能热发电系统是世界上最早出现的太阳能动力系统，是目前太阳能发电效率最高的太阳能热发电系统，最高可达到29.4%。碟式系统的主要特征是采用碟（盘）状抛物面镜聚光集热器，将入射阳光聚集在焦点处，在焦点处直接放置斯特林发动机发电，碟式太阳能热发电机组见图3-8。

碟式太阳能热发电系统可以独立运行，可作为边远地区的小型电源，一般功率为10～25kW，聚光镜直径10～15m；也可用于较

图3-8 碟式太阳能热发电机组

大的用户,把数台至十台装置并联起来,组成小型太阳能热发电站。

　　太阳能光发电是通过光电器件将太阳辐射能直接转变成电能的一种发电方式。光电利用(光伏发电)是近些年来发展最快,也是最具经济潜力的能源开发领域。太阳光电的发电原理,简单的说,是利用太阳能电池吸收0.4 ~ 1.1μm波长(针对硅晶)的太阳光,将光能直接转变成电能输出的一种发电方式。太阳能光伏发电系统如图3-9。

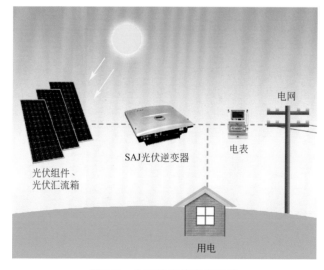

图3-9 太阳能光伏发电系统

太阳能光伏发电系统由充放电控制器、太阳能电池方阵、逆变器、交流配电柜、蓄电池组等设备组成。

太阳能电池方阵是整个太阳能光伏发电系统中最为显眼的部分，是太阳能光伏发电系统的核心，也是太阳能发电系统中价值最高的部分。漆黑的太阳能电池板在光照的情况下吸收光能，进而产生"光生伏打效应"。在这种效应的作用下，太阳能电池的两端产生电动势，将光能转化为电能，或送往蓄电池中存储起来，或推动负载工作。

蓄电池的作用是在有光照时将太阳能电池板所发出的电能储存起来，到需要的时候再释放出来。太阳能充放电控制器的作用是控制整个系统的工作状态，并对蓄电池起到过充电保护、过放电保护的作用。

由于太阳能电池产生的电是直流电，因此若需提供电力给家电用品或各式电器则需加装直/交流转换器，转换成交流电，才能供电至家庭用电或工业用电。逆变器的作用就是将太阳能发电系统所发出的直流电能转换成交流电能。交流配电柜在电站系统中的主要作用是保证系统的正常供电，同时还有对线路电能的计量。

在光照的条件下，太阳能电池方阵产生的电通过充放电控制器的调节，存储到蓄电池之中，完成光能和电能的转换。存储在蓄电池中的电通过逆变器的调节作用，将蓄电池中的直流电转换成交流电，输送到配电柜，将电送到千家万户。

光伏发电的特点是可靠性高、使用寿命长、不污染环境、能独立发电又能并网运行。将太阳能转换为电能是大规模利用太阳能的重要技术基础，世界各国都十分重视。许多国家正在制订中长期太阳能开发计划，准备在21世纪大规模开发太阳能，美国能源部推出的是国家光伏计划，日本推出的是阳光计划。美国还推出了"太阳能路灯计划"，旨在让美国一部分城市的路灯都改为由太阳能供电，根据计划，每盏路灯每年可节电800kW·h。日本也正在实施太阳能"7万套工程计划"，日本准备普及的太阳能住宅发电系统，主要是安装在住宅屋顶上的太阳能电池发电设备，家庭用剩余的电量还可以卖给电力公司。一个标准家庭可安装一部3kW的发电系统。欧洲则将研究开发太阳能电池列入著名的"尤里卡"高科技计划，推出了10万套工程计划。这些以普及应用光电池为主要内容的"太阳能工程"计划是推动太阳能光电池产业大发展的重要动力之一。

中国对太阳能电池的研究开发工作高度重视，早在"七五"期间，非晶硅半导体的研究工作已经列入国家重大课题；"八五"和"九五"期间，中国把研究开发的重点放在大面积太阳能电池等方面。在国际市场和国内政策的拉动下，中国的光伏产业逐渐兴起，并迅速成为后起之秀。目前，中国已经成功超越欧洲、日本成为世界太阳能电池生产第一大国。

中国光伏发电产业于20世纪70年代起步，90年代中期进入稳步发展时期。太阳能电池及组件产量逐年稳步增加。经过40多年的努力，中国的光伏产业已经连续多年雄居世界第一，成为我国为数不多可参与国际竞争并取得领先优势的产业之一。1997年国家推出"中国光明工程"，将通过开发利用风能、太阳能等新能源，以新的发电方式为那些远离电网的无电地区提供能量，为改变当地贫困落后面貌提供条件。"光明工程"先导项目和"送电到乡"工程等国家项目，尤其是《可再生能源中长期发展规划》以及"太阳能屋顶计划""金太阳工程"的出台，使我国的光伏发电产业获得了迅猛发展。根据《可再生能源中长期发展规划》，到2020年，我国力争使太阳能发电装机容量达到1.8GW，到2050年将达到600GW。预计，到2050年，中国可再生能源的电力装机将占全国电力装机的25%，其中光伏发电装机将占到5%。未来十几年，我国太阳能装机容量的复合增长率将高达25%以上。

太阳能光伏发电在不远的将来会占据世界能源消费的重要席位，不但要替代部分常规能源，而且将成为世界能源供应的主体。预计到2030年，可再生能源在总能源结构中将占到30%以上，而太阳能光伏发电在世界总电力供应中的占比也将达到10%以上；到2040年，可再生能源将占总能耗的50%以上，太阳能光伏发电将占总电力的20%以上；到21世纪末，可再生能源在能源结构中将占到80%以上，太阳能发电将占到60%以上。这些数字足以显示出太阳能光伏产业的发展前景及其在能源领域重要的战略地位。由此可以看出，太阳能电池市场前景广阔。有关专家预测，到21世纪中叶，太阳能光伏发电将成为世界能源供应的主体，一个光辉灿烂的太阳能时代即将到来。

43. 太阳能电池简介

太阳能电池又称为"太阳能芯片"或"光伏电池"，是一种利用太阳光直接发电的光电半导体薄片。太阳能电池是一种利用光生伏特效应把光能转换成电能的器件，又叫光伏器件，主要有单晶硅电池和单晶砷化镓电池等。具有可靠性高、寿命长、无污染等优点，可做人造卫星、航标灯、晶体管收音机等的电源。

太阳能电池的故事要追溯到1839年早期光生伏打效应的观测，法国物理学家A.E.贝克勒尔意外地发现，用两片金属浸入溶液构成的伏打电池，受到阳光照射时会产生额外的伏打电势，他把这种现象称为光生伏打效应，简称"光伏效应"或"光伏"（photovoltaic，缩写为PV）。1883年，有人在半导体硒和金属接触处发现了固体光伏效应。后来就把能够产生光生伏打效应的器件称为光伏器件。

1941年世界上出现有关硅太阳能电池报道。20世纪50年代，随着半导体物性的逐渐了解，以及加工技术的进步，1954年美国科学家Charbin等在美国贝尔实验室第一次做出了光电转换效率为6%的实用单晶硅太阳能电池，开创了光伏发电的新纪元。1958年，美国发射的人造卫星就已经利用太阳能电池作为能量的来源。在20世纪70年代以前，由于太阳能电池效率低，售价昂贵，主要应用在空间。

1973年发生的石油危机，促使人们开始把太阳能电池的应用转移到一般的民生用途上。70年代以后，通过对太阳能电池材料、结构和工艺的深入研究，在提高效率和降低成本方面取得了较大进展。太阳能电池的应用已从军事领域、航天领域进入工业、商业、农业、通信、家用电器以及公用设施等部门，尤其可以分散地在边远地区、高山、沙漠、海岛和农村使用，以节省造价很贵的输电线路。

从产生技术的成熟度来区分，太阳能电池可分为以下几个阶段。

第一代太阳能电池：晶体硅电池。

第二代太阳能电池：各种薄膜电池。包括非晶硅薄膜电池（a-Si）、碲化镉太阳能电池（CdTe）、铜铟镓硒太阳能电池（CIGS）、砷化镓（GaAs）太阳能电池、纳米二氧化钛染料敏化太阳能电池等。

第三代太阳能电池：各种超叠层太阳能电池、热光伏电池（TPV）、量子阱及量子点超晶格太阳能电池、中间带太阳能电池、上转换太阳能电池、下转换太阳能电池、热载流子太阳能电池、碰撞离化太阳能电池等新概念太阳能电池。

按电池结构划分，太阳能电池可分为晶体硅太阳能电池和薄膜太阳能电池。

根据所用材料的不同，太阳能电池还可分为硅太阳能电池、多元化合物薄膜太阳能电池、聚合物多层修饰电极型太阳能电池、纳米晶太阳能电池、有机太阳能电池，其中硅太阳能电池是目前发展最成熟的，在应用中居主导地位。

（1）硅太阳能电池

硅太阳能电池分为单晶硅太阳能电池、多晶硅薄膜太阳能电池和非晶硅薄膜太阳能电池3种。

单晶硅太阳能电池板见图3-10。所谓单晶，指的是太阳能电池内的硅原子结晶非常完整，

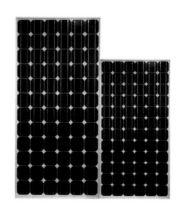

图3-10 单晶硅太阳能电池板

由单一的结晶构成电池的细胞元。由于完整的结晶，自由电子和空穴在内部的移动不会受到阻碍，不容易发生自由电子与空穴复合的情况，所以单晶硅电池效率高。又由于完整的结晶，硅原子之间的化学键非常坚固，不容易因为紫外线破坏化学键而产生悬浮键，悬浮键会阻碍自由电子的移动，甚至捕捉自由电子，造成电流下降，所以单晶硅电池光电转换效率不易随时间衰退。

单晶硅太阳能电池一般以纯度高达99.999%的单晶硅棒为原料，在硅系列太阳能电池中，单晶硅太阳能电池转换效率最高（16%～20%），技术也最为成熟，产品已广泛用于空间和地面。但由于受单晶硅材料价格及相应的烦琐的电池工艺影响，致使单晶硅成本价格居高不下。为了节省硅材料，发展了多晶硅薄膜和非晶硅薄膜作为单晶硅太阳能电池的替代产品。

多晶硅光伏电池是以多晶硅材料为基体的光伏电池。多晶硅太阳能电池兼具单晶硅电池的高转换效率和长寿命以及非晶硅薄膜电池的材料制备工艺相对简化等优点的新一代电池，其转换效率一般为14%～16%，稍低于单晶硅太阳能电池。多晶硅薄膜太阳能电池与单晶硅比较成本低廉，生产工艺成熟，占有主要光伏市场，是现在太阳能电池的主导产品。多晶硅太阳能电池已经成为全球太阳能电池占有率最高的主流技术。

图3-11 非晶硅太阳能电池

非晶硅太阳能电池是用非晶态硅为原料制成的一种新型薄膜电池（图3-11）。非晶态硅是一种不定形晶体结构的半导体。非晶硅的优点在于其对于可见光谱的吸光能力很强（比结晶硅强500倍），所以只要薄薄的一层就可以把光子的能量有效吸收。而且这种非晶硅薄膜生产技术非常成熟，不仅可以节省大量的材料成本，也使得制作大面积太阳能电池成为可能。主要缺点是转化率低（5%～7%），而且存在光致衰退（即光电转换效率会随着光照时间的延续而衰减，使电池性能不稳定）。因此在太阳能发电市场上没有竞争力，而多用于功率小的小型电子产品市场。如电子计算器、玩具等。

（2）多元化合物薄膜太阳能电池

多元化合物薄膜太阳能电池材料为无机盐，其主要包括砷化镓Ⅲ-Ⅴ族化合物、碲化镉及铜铟硒薄膜电池等。

砷化镓（GaAs）光伏电池是一种Ⅲ-Ⅴ族化合物半导体光伏电池。与硅光伏电池相比，砷化镓光伏电池光电转换效率高，转换率达到30%以上，这是因为Ⅲ-Ⅴ族是具有直接能隙的半导体材料，仅仅2μm厚度，就可在AM1的辐射条件下吸光97%左右。在单晶硅基板上，以化学气相沉积法成长GaAs薄膜所制成的薄膜太阳能电池，因效率较高，可应用在太空。而新一代的GaAs多接面太阳能电池，因可吸收光谱范围宽，所以转换效率可达到39%以上，是目前转换效率最高的太阳能电池种类，而且性能稳定，寿命也相当长。不过这种电池价格昂贵，平均每瓦价格可高出多晶硅太阳能电池数十倍以上，因此不是民用主流。

铜铟硒光伏电池是以铜、铟、硒三元化合物半导体为基本材料，在玻璃或其它廉价衬底上沉积制成的半导体薄膜。由于铜铟硒电池光吸收性能好，所以膜厚只有单晶硅光伏电池的大约1/100。

碲化镉薄膜太阳能电池是在玻璃或是其它柔性衬底上依次沉积多层薄膜而构成的光伏器件。碲化镉是一种化合物半导体，其带隙最适合于光电能量转换。用这种半导体做成的光伏电池有很高的理论转换效率，已实际获得的最高转换效率达到16.5%。

（3）聚合物光伏电池

聚合物光伏电池一般由共轭聚合物给体和富勒烯衍生物受体的共混膜夹在ITO透明正极和金属负极之间所组成，具有结构和制备过程简单、成本低、重量轻、可制备成柔性器件等突出优点，近年来成为国内外研究热点。

（4）纳米晶太阳能电池

纳米 TiO_2 晶体化学能太阳能电池是新近发展的，优点在于它廉价的成本和简单的工艺及稳定的性能。其光电效率稳定在10%以上，制作成本仅为硅太阳能电池的1/5 ～ 1/10，寿命能达到20年以上。此类电池的研究和开发刚刚起步，不久的将来会逐步走上市场。

（5）有机太阳能电池

有机太阳能电池，顾名思义，就是由有机材料构成核心部分的太阳能电池。主要是以具有光敏性质的有机物作为半导体材料，以光伏效应而产生电压形成电流，实现太阳能发电的效果。

目前太阳能电池成本还很高，无法以合理成本提供大量需求。未来可以期待经过科学家及工程师们不断的研究，会出现效率更高、成本更低的新型太阳能电池。

44. 太阳能光伏发电有哪些应用？

光伏发电是根据光生伏特效应原理，利用太阳能电池将太阳光能直接转化为电能。光伏发电系统可分为独立太阳能光伏发电系统和并网太阳能光伏发电系统。独立太阳能光伏发电是指太阳能光伏发电不与电网连接的发电方式，典型特征为需要蓄电池来存储能量，在民用范围内主要用于边远的乡村，如家庭系统、村级太阳能光伏电站；在工业范围内主要用于电讯、卫星广播电视、太阳能水泵；在具备风力发电和小水电的地区还可以组成混合发电系统等。并网太阳能光伏发电是指太阳能光伏发电连接到国家电网的发电的方式，成为电网的补充。

利用太阳光发电是人类梦寐以求的愿望。从20世纪50年代太阳能电池的空间应用到如今的太阳能光伏集成建筑，世界光伏工业已经走过了半个多世纪的历史。光伏发电技术已用于任何需要电源的场合，上至航天器，下至家用电源，大到兆瓦级电站，小到玩具，光伏电源可以无处不在。以下主要介绍独立太阳能光伏发电的应用情况。

（1）用户太阳能电源

10～100W不等的小型电源，用于边远无电地区如高原、海岛、牧区、边防哨所等军民生活用电，如照明、电视等。太阳能净水器可解决无电地区的饮水、净化水质问题。太阳能水泵（亦称光伏水泵），可以将太阳的光能转化为电能，给负载水泵电机提供工作电力，可解决无电地区的深水井饮用、灌溉，在阳光丰富但缺电无电的边远地区太阳能水泵是最具吸引力的供水方式。太阳能水泵工作原理如图3-12。

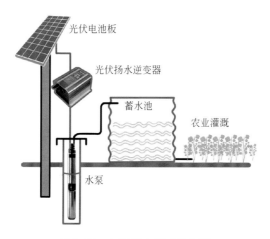

图3-12　太阳能水泵工作原理

太阳能无处不在，这一特点十分有利于太阳能光伏在便携式家电中的应用。太阳能电池用于计算器、手表的供电已有很多年的历史，手提式太阳能组件的出现又扩充了太阳能光伏在便携式电器中使用的范畴，如收音机、CD播放器、便携式电脑、手机充电器（图3-13）、照相机以及供应急与野营者使用的太阳能手提灯等。

图3-13　太阳能手机充电器

日本充电器开发厂商 ZIP Charge 开发出一种靠日光来充电的手机专用充电器。此充电器形状像一张名片，只有4cm厚、40g重，携带方便，靠日光充电4h便可连续待机三天或连续通话1h。

（2）太阳能路灯

太阳能路灯系统组成是由 LED 光源（含驱动）、太阳能电池板、蓄电池（包括蓄电池保温箱）、太阳能路灯控制器、路灯灯杆（含基础）及辅料线材等几部分构成。白天太阳能路灯在智能控制器的控制下，太阳能电池板经过太阳光的照射，吸收太阳能光并转换成电能，白天太阳能电池组件向蓄电池组充电，晚上蓄电池组提供电力给 LED 灯光源供电，实现照明功能。直流控制器能确保蓄电池组不因过充或过放而被损坏，同时具备光控、时控、温度补偿及防雷、反极性保护等功能。太阳能路灯无需铺设线缆、无需交流供电、不产生电费；采用直流供电、控制；具有稳定性好、寿命长、发光效率高，安装维护简便、安全性能高、节能环保、经济实用等优点。可广泛应用于城市主次干道、小区、工厂、旅游景点、停车场等场所。

（3）工农业生产的应用

作为一种新的能源，太阳能电池在工农业生产上也得到了广泛应用（图3-14）。在漫无人际的高山大海，各种灯塔航标，各种卫星通信接收站；各种遥控遥测、气象观测站；公路铁路的自动信号灯等使其成为优选电源。如太阳能航标灯，电池是镍氢可充电电池，使用太阳能板给镍氢电池充电，在光照充足时，太阳能板在光照下，产生电流电压，给电池充电。晚上通过光控功能电池输出电能给负载。此外，太阳能还可以用在海水淡化等方面（图3-15）。

图3-14　太阳能灯塔

◆海水淡化

图3-15　海水淡化

（4）太阳能汽车和游艇

太阳能汽车（图3-16）是一种靠太阳能来驱动的汽车。相比传统热机驱动的汽车，太阳能汽车是真正的零排放。正因为其环保的特点，太阳能汽车被诸多国家所提倡，太阳能汽车产业的发展也日益蓬勃。

图3-16　太阳能极速汽车

到目前为止，太阳能在汽车上的应用技术主要有两个方面：一是作为驱动力；二是用作汽车辅助设备的能源。

① 完全用太阳能为驱动力代替传统燃油汽车　这种太阳能汽车与传统的汽车不论在外观还是运行原理上都有很大的不同，太阳能汽车已经没有发动机、底盘、驱动、变速箱等构件，而是由电池板、储电器和电机组成。利用贴在车体外表的太阳能电池板，将太阳能直接转换成电能，再通过电能的消耗，驱动车辆行驶，车的行驶快慢只要控制输入电机的电流就可以解决。目前此类太阳车的车速最高能达到100km/h以上，而无太阳光最大续行能力也在100km左右。

② 太阳能和其它能量混合驱动汽车　太阳能辐射强度较弱，光伏电池板造价昂贵，加之蓄电池容量和天气的限制，使得完全靠

太阳能驱动的汽车的实用性受到极大的限制，不利于推广。复合能源汽车外观与传统汽车相似，只是在车表面加装了部分太阳能吸收装置，比如车顶电池板，用于给蓄电池充电或直接作为动力源。这种汽车既有汽油发动机，又有电动机，汽油发动机驱动前轮，蓄电池给电动机供电驱动后轮。电动机用于低速行驶。当车速达到某一速度以后，汽油发动机起动，电动机脱离驱动轴，汽车便像普通汽车一样行驶。

（5）航天、宇宙太空开发及高科领域的应用

太阳能电池由于它的可靠性和特有优越性首先在航天技术上大显身手。1958年太阳能电池第一次登上人造卫星。至此航天、卫星就没离开过太阳能电池。2004年1月3日"勇气"号登陆火星；2004年1月24日"机遇"号登陆火星。火星探测器"勇气"号、"机遇"号，它们赖以工作的主要电源也是太阳能电池。

2003年10月15日中国研制的第1艘载人飞船"神舟"五号载人飞船（图3-17）载人航天飞行成功，实现了中华民族千年飞天的愿望，是中国航天事业在新世纪的一座新的里程碑。随着"神舟"

图3-17 "神舟"五号载人飞船

五号载人飞船脱离运载火箭顺利进入太空，展开后的太阳帆板就像是飞船长出了两对硕大的翅膀，通过将太阳能转换成电能，来为飞船上的电器设备提供能源。太阳帆板有供电和充电两大功能，相当于一个小型发电站。

1968年，美国科学家彼得·格拉赛（Peter Glaser）首先提出了太空太阳能发电站方案（图3-18），这一设想是建立在一个极其巨大的太阳能电池阵的基础上，由它来聚集大量的阳光，利用光电转换原理达到发电的目的。所产生的电能将以微波形式传输到地球上，然后通过天线接收经整流转变成电能，送入全国供电网。这听起来像科幻小说，但是目前以日本、美国为代表的很多国家的太空发展部门却在这个领域很认真地研究着。中国"钱学森空间技术实验室"团队已开展空间太阳能电站具体研究工作，正处于研究试验阶段。

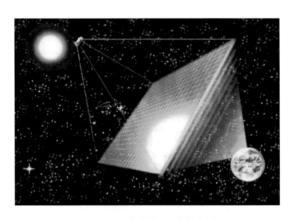

图3-18 太空太阳能发电站

目前看来在太空中建立太阳能发电站的最主要技术瓶颈在于远距离高密度的能量发送和接收，一旦实现则建立空间太阳能发电站并不困难。如果技术上取得突破，那么人类对太阳能的利用必将现实飞跃。

2011年3月11日，日本本州岛海域发生大地震和海啸引发福岛核电站危机之后，日本寻找可替代能源的需求变得更为紧迫。2012年，日本建筑业巨头清水建设株式会社对外公布了一项带有科幻色彩的太阳能计划，他们将这个方案命名为"月环"（Luna Ring）。如同地球赤道一样，月球赤道所在的区域是月球上最热的地区，也是太阳光最强的地区。根据"月环"计划，在围绕月球6800英里（约合1.1×10^4km）长的赤道建一条太阳能发电带，然后将电能转化为微波束和激光束发送回地球，最终再由地面发电站将微波束和激光重新转换为电能。这一计划对太阳能的利用规模几乎超过以前提出的任何计划，通过这种方式发的电可以满足全世界的用电需要。"月环"计划方案如图3-19，也许将来有一天人类的这一"月环"计划会梦想成真。

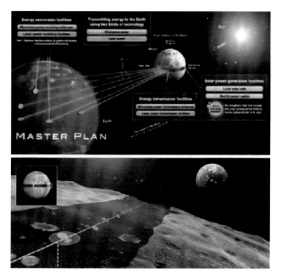

图3-19 日本的"月环"计划

（6）光伏建筑一体化（BIPV）

将光伏发电与建筑结合的概念出现于20世纪90年代。1991年，德国旭格公司首次提出了光伏发电与建筑集成化（一体化）

（building integrated photovoltaic，简称 BIPV）的概念。同年，德国政府也率先提出"1000 光伏屋顶"计划，1998 年又提出"十万光伏屋顶"计划；1997 年 6 月，美国总统克林顿宣布了太阳能"百万屋顶计划"（million solar roofs initiative），准备在 2010 年以前，在 100 万座建筑物上安装太阳能热利用与太阳能光伏发电系统；2010 年，美国参议院批准了"千万太阳能屋顶"法案。

光伏建筑一体化是一种将太阳能发电（光伏）产品集成到建筑上的技术。简单地讲就是将太阳能光伏发电方阵安装在建筑的围护结构外表面来提供电力。根据光伏方阵与建筑结合的方式不同，太阳能光伏建筑一体化可分为两大类：第一类是光伏方阵与建筑的结合。这种方式是将光伏方阵依附于建筑物上，建筑物作为光伏方阵载体，起支承作用。第二类是光伏方阵与建筑的集成。这种方式是光伏组件以一种建筑材料的形式出现，光伏方阵成为建筑不可分割的一部分。在这两种方式中，光伏方阵与建筑的结合（即第一类）是一种常用的形式，特别是与建筑屋面的结合。由于光伏方阵与建筑的结合不占用额外的地面空间，是光伏发电系统在城市中广泛应用的最佳安装方式，因而备受关注。

世界各地出现了不少太阳能光伏建筑一体化建筑物，中国也不例外，中国在借鉴国外发达国家推行太阳能光伏建筑一体化技术经验的基础上，开始发展太阳能光伏建筑一体化建筑物。2008 年奥运会体育赛事的国家游泳中心和国家体育馆等奥运场馆中，采用的就是光伏方阵与建筑结合的太阳能光伏并网发电系统，这些系统年发电量可达 $7 \times 10^5 kW \cdot h$，相当于节约标煤 170t，减少二氧化碳排放 570t。

世界上最大的太阳能建筑就在我们中国的山东德州，称之为"日月坛""日晷"，见图 3-20。德州"日月坛"总建筑面积达到 75000m²，集展示、科研、办公、会议、培训、宾馆等功能于一身，采用全球首创太阳能热水供应、采暖、制冷、光伏发电等与建筑结合技术，是目前世界上最大的集太阳能光热、光伏、建筑节能于一体的高层公共建筑。在大厦的顶层玻璃中，一块块如 3.5 英寸磁盘大小的黑色矩形方格间隔镶嵌，这些黑色方格是太阳能光伏电板和LED灯。整个施工都是使用绿色环保理念。此大厦的用钢量只有鸟巢用钢量的1%。先进的屋顶和墙体保温，在节约能源方面比国家节能标准高出30%。

图3-20 德州"日月坛"

该建筑是2010年第四届世界太阳城大会的主会场，它综合应用了多项太阳能新技术，如吊顶辐射采暖制冷、光伏发电、光电遮阳、游泳池节水、雨水收集、中水处理系统、滞水层跨季节蓄能等技术，使多项节能技术发挥应用到极致。

由于太阳能光伏发电具有独特的优点，其应用越来越受到人们的重视。有关专家预测，到21世纪中叶，太阳能光伏发电将成为世界能源供应的主体，一个光辉灿烂的太阳能时代即将到来。

45.神奇的"太阳帆"

人类现在已经发明了很多推进装置，依靠这些推进装置，人们实现了飞天的梦想，使几千年前的"神户飞天""嫦娥奔月"变成了现实。迄今为止，航天飞行都是用化学火箭作动力，需要携带大量推进剂。1969年7月，当3名宇航员乘坐阿波罗11号宇宙飞船实现具有历史意义的登月之旅时，20多米高的运载火箭共携带了2500t燃料。为了摆脱庞大的运载工具，长期以来，人们一直设想开发一种以阳光为能源的光帆航天器。

著名天文学家开普勒早在400年前就曾设想不携带任何能源，仅仅依靠太阳光能就可使宇宙飞船驰骋太空。但"太阳帆"这个概念直到20世纪20年代才明晰起来，从此，又有不少科学家进行过艰难的研究，但是那时候只是一个美好的假想。直到1924年，俄国航天事业的先驱康斯坦丁·齐奥尔科夫斯基和其同事弗里德里希·灿德尔才明确提出"用照到很薄的巨大反射镜上的阳光所产生的推力获得宇宙速度"。正是灿德尔的设想，成为今天建造太阳帆的基础。1972年，科幻小说家阿瑟·克拉克在他的小说《太阳帆船》中，他将太阳风帆的想法发扬光大，从此太阳帆的设想和概念深入人心。

装有太阳帆的航天器以阳光作动力，不需要火箭也不需要燃料，只要展开一个巨型超薄航帆，即可从取之不尽的阳光中获得持续的推力飞向宇宙空间。它飞行起来很像大洋中的帆船，改变帆的倾角即可调整前进方向。如果设计合理，从理论上说，太阳帆的最高速度可以达到光速的2%（6000km/s），这足以实现人类遨游太空的梦想。

太阳帆用作航天动力的最大特点是：不需要携带任何推进剂或工作介质，只要有太阳光就行。太空中太阳光是用之不尽的，太阳帆工作不受时间限制，真像是一部"永动机"。它比较适用于长时间、远距离和超远程的航天飞行，例如，太阳系内的行星际航行和飞出太阳系的恒星际航行，特别是对于需要返回的航天飞行，可以免去携带回程用推进剂的重负。用太阳帆作航天动力的另一优点是清洁、安全。太阳帆不消耗能源，不发生化学变化，不产生废气、废物，不污染环境，是人们所希望的、保护太空环境的"绿色动力"。

太阳帆为什么能在太空星海中遨游呢？太阳光传送光和热，照到人身上，人会感到暖洋洋的，但从来也没有人感觉到太阳光有压力。实际上，太阳光是有压力的，因为光具有两重性，既是电磁波，又是粒子——光子。光线实际上是光子流，当光子流受到物体阻挡时就会撞到该物体上，就像空气分子撞到物体上一样，它的动能就转化成对物体的压力。单个光子所产生的推力极其微小，在地球到太阳的距离上，光在 $1m^2$ 帆面上产生的推力只有 0.9dyn，还不到一只蚂蚁的重量。但太空中运行的航天器处于失重状态，又无空气阻力，所以轻微的推力（太阳光的压力）就可以让它加速。当太空中的光线照射到太阳帆飞行器时，借助光压的推力，飞行器就可以在太空中遨游起来啦！

为了最大限度地从阳光中获得加速度，太阳帆必须建得很大很轻，而且表面要十分光滑平整。那么，太阳帆由什么材料制成的？太阳帆的材料是一种非常轻薄的聚酯薄膜，坚硬异常且表面涂满反射物质，具有极佳的反光性。当太阳光照射到帆上后，帆将反射出光子，而光子也会对光帆产生反作用力，推动飞船前行。

太阳帆在发射时，为缩小体积，包裹成一小块，到太空后能否顺利展开，是太阳帆能否正常工作的关键。所以，太阳帆在太空的展开试验成为研制工作的重要一环。美国和俄罗斯的科学家为了太阳帆技术试验，先后发射了两枚"宇宙1号"航空器。2001年7月20日，美国的行星协会用俄罗斯的波浪号运载火箭发射了"宇宙1号"航天器。这是一颗亚轨道航天器，是世界上首次使用太阳帆作为航天飞行动力装置的航天器，也称太阳帆飞船。运载火箭顺利地从 Borisoglebsk 潜艇上起飞，升入高空。可惜功亏一篑，箭载计算机没有发出分离指令，致使太阳帆装置未能与第三级火箭分离，最终坠毁了。研制人员继续研制，第二个"宇宙1号"太阳帆比原来设计更大，由8个15m长的超薄三角形聚酯薄膜帆组成，总面积达 $600m^2$，总重量为50kg，耗资400万美元，可以环绕地球轨道运行（图3-21）。新的"宇宙1号"于2005年6月21日从一艘位于巴伦支

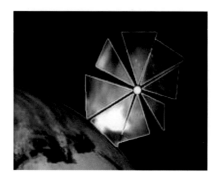

图3-21 "宇宙1号"航天器

海的俄罗斯潜艇K-496上发射,遗憾的是发射后与地球失去了联络。

2010年5月21日,日本发射了世界上第一艘太空帆船"伊卡洛斯"号。伊卡洛斯号随同"晓"号金星探测器,由H-2A运载火箭发射升空,并且同时飞往金星。"伊卡洛斯"号耗资3500万英镑,它是世界上第一艘同时利用太阳能电力和光子反推力进行星际旅行的太阳帆宇宙飞船。它的太阳帆于2010年6月9日顺利展开,太阳帆为正方形,边长约14m,帆厚约7.5μm,相当于头发丝直径的1/10左右。在火箭发射的时候,帆将会折叠起来,收藏在直径约1.6m的圆筒形机体外侧。"伊卡洛斯"号在飞行中将不断旋转,依靠向心力使这面轻薄的太阳帆保持张力。"伊卡洛斯"号太阳帆航天器本身还具有光电转化能力,光电转化加上光压推进的双重动力,只需沐浴阳光便可无限制进行星际航行。

2010年12月8日,"伊卡洛斯号"在距离金星80800km处飞掠经过,顺利完成第一阶段的飞行任务。目前,"伊卡洛斯号"依然在太阳系内航行,按照预期,它将于21世纪40年代中期离开太阳系,进入广阔的宇宙空间。日本宇宙航空研究开发机构现在正致力于设计制造新的太空帆船,希望可以利用太空帆船对木星轨道上的小行星等星体进行探测。

理论上,太阳帆将是未来行星间航行的关键性技术。也许在不远的将来,人类就能够扬起美丽的太阳帆,在太空星海中自由遨游了。

46.人造太阳计划

太阳普照大地,孕育万物,是地球赖以生存的光热能量之源。

随着能源短缺问题的凸显，获得像太阳能一样取之不尽、用之不竭的可持续清洁能源，一直是人类的梦想。

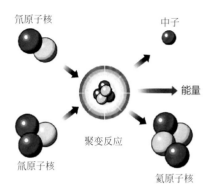

图3-22 聚变反应

太阳的能量来自于它自身内部一刻不停的聚变反应。在太阳的中心，温度高达$1.5 \times 10^7 ℃$，气压达到$3.0 \times 10^{16}Pa$，在这样的高温高压条件下，氢原子核聚变成氦原子核，并放出大量能量（图3-22）。几十亿年来，太阳犹如一个巨大的核聚变反应装置，无休止地向外辐射着能量。

"人造太阳"是"国际热核聚变实验堆（ITER）计划"的俗称，ITER计划由美、法等国在20世纪80年代中期发起，旨在建立世界上第一个受控热核聚变实验反应堆，为人类输送巨大的清洁能量。这一过程与太阳产生能量的过程类似，因此受控热核聚变实验装置也被俗称为"人造太阳"，见图3-23。

图3-23 热核聚变实验装置

ITER计划涉及包括中国、欧盟、俄罗斯、美国、日本、韩国和印度七方在内的30多个国家，是世界上最大的科学合作工程，目前正在多个国家进行着。ITER实验堆建在法国，建造预算约55亿美元；在技术方面，中国将承担其中约9%的研发制造任务——由核工业西南物理研究院、中国科学院等离子体物理研究所等单位科学家具体承担。

太阳的光和热，来源于氢的两个同胞兄弟——氘和氚（氢的同位素）在聚变成一个氦原子的过程中释放出的能量。"人造太阳"就是模仿这一过程。五十多年前，人类已经在地球上实现了发生在太阳内部的氘氚聚变过程，这就是氢弹爆炸。氢弹的成功引爆，让人类真正体会到了两个质量最轻的原子核聚合瞬间释放出的巨大能量，但氢弹的聚变过程是不可控的。如果能够按照需要有效地控制这个反应过程，让能量长期地、持续地释放，就好比创造出了一个"人造太阳"，不但产生的能量巨大，还可以为人类带来理想而恒久的清洁能源。

怎样才能造出"人造太阳"？科学家们首先要把燃料（氘和氚的混合物）变成离子状态（这是物质除了固态、液态和气态之外的第四种存在形式），才能用电磁的方法束缚并控制它们。ITER计划中设计的"磁笼"，由18节巨型的D型环向磁场线圈所组成，每一节就重达360t，相当于一架满载的波音747-300客机的总质量。当强大的电流通过这些大线圈时，环形线圈内就产生强大的环形磁场，磁场内等离子体的带电粒子就被它的磁力线约束住了。可以想象，高达$1.5 \times 10^8 ℃$（相当于太阳内核温度的10倍）的极高温等离子体内，粒子运动非常激烈，所以必须形成足够强大的磁场来约束它们，幸而超导技术的突飞猛进帮了大忙。

产生热核聚变的另一个重要条件就是要制造温度达$1.5 \times 10^8 ℃$的高温等离区，在这种环境下，带正电的氘核和氚核才能克服静电斥力互相碰撞。ITER使用的产生高温方法很像微波炉对食物加热，科学家正在努力研究使用更高性能的"高功率射频加热装置"来实现它。

　　根据科学家的分析，如果未来能建成一座1000MW的核聚变电站，每年只需要从海水中提取304kg的氘就可以产生1000MW的电量，照此计算，地球上仅在海水中就含有的4.5×10^{13}t氘，足够人类使用上百亿年，比太阳的寿命还要长。

　　人口爆炸性地增长，能源、资源危机步步逼近。这项前无古人的ITER计划，或许也是一个别无选择的计划，将为人类的生存和发展创造又一个"太阳"。虽然这个"太阳"离我们还有一段距离，不过可以相信，"人造太阳"普照人间的这一天终将来临。

第二章

风 能

<<<<

47.风是怎么形成的?

风是大家最熟悉的自然现象,一年四季,我们几乎每天都在和风打交道,有和煦的春风,也有刺骨的寒风。如果给风下一个简单的定义,可以这样说:空气在水平方向上的运动就叫作风。那么,你知道风究竟是怎样形成的吗?风是由空气流动引起的一种自然现象,它是由太阳辐射热引起的。太阳光照射在地球表面上,使地表温度升高,地表的空气受热膨胀变轻而往上升。热空气上升后,低温的冷空气横向流入,上升的空气因逐渐冷却变重而降落,由于地表温度较高又会加热空气使之上升,这种空气的流动就产生了风。而且由于地球自转、公转的力量及地形之不同也更加强了风力和风向之变化多端。

从科学的角度来看,风是一个表示气流运动的物理量。它不仅有数值的大小(风速),还具有方向(风向)。因此,风是向量,风的预报包括风速和风向两项。风向是指风的来向,例如北风就是指空气自北向南流动。地面风向用16方位表示,高空风向常用方位度数表示,即以0°(或360°)表示正北,90°表示正东,180°表示正南,270°表示正西。在16方位中,每相邻方位间的角差为22.5°。风向16方位图见图3-24。

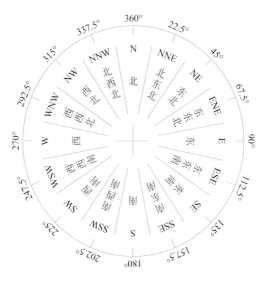

图3-24 风向16方位图

风速是指空气相对于地球某一固定地点的运动速率，常用单位是m/s，1m/s=3.6km/h。风速没有等级，风力才有等级，风速是风力等级划分的依据。在气象上，一般按风力大小划分为0～17级，见表3-1。

表3-1 风力等级划分表

风级	风的名称	风速/m·s⁻¹	风速/km·h⁻¹	陆地上的状况	海面现象
0	无风	0～0.2	<1	静，烟直上	平静如镜
1	软风	0.3～1.5	1～5	烟能表示风向，但风向标不能转动	微浪
2	轻风	1.6～3.3	6～11	人面感觉有风，树叶有微响，风向标能转动	小浪
3	微风	3.4～5.4	12～19	树叶及微枝摆动不息，旗帜展开	小浪

续表

风级	风的名称	风速 /m·s⁻¹	风速 /km·h⁻¹	陆地上的状况	海面现象
4	和风	5.5～7.9	20～28	吹起地面灰尘纸张和地上的树叶,树的小枝微动	轻浪
5	清劲风	8.0～10.7	29～38	有叶的小树枝摇摆,内陆水面有小波	中浪
6	强风	10.8～13.8	39～49	大树枝摆动,电线呼呼有声,举伞困难	大浪
7	疾风	13.9～17.1	50～61	全树摇动,迎风步行感觉不便	巨浪
8	大风	17.2～20.7	62～74	微枝折毁,人向前行感觉阻力甚大	猛浪
9	烈风	20.8～24.4	75～88	建筑物有损坏(烟囱顶部及屋顶瓦片移动)	狂涛
10	狂风	24.5～28.4	89～102	陆上少见,见时可使树木拔起,将建筑物损坏严重	狂涛
11	暴风	28.5～32.6	103～117	陆上很少,有则必有重大损毁	风暴潮
12	台风,飓风	32.6～36.9	118～133	陆上绝少,其摧毁力极大	风暴潮
13	台风	37.0～41.4	134～149	陆上绝少,其摧毁力极大	海啸
14	强台风	41.5～46.1	150～166	陆上绝少,其摧毁力极大	海啸
15	强台风	46.2～50.9	167～183	陆上绝少,其摧毁力极大	海啸
16	超强台风	51.0～56.0	184～202	陆上绝少,范围较大,强度较强,摧毁力极大	大海啸
17	超强台风	≥56.1	≥203	陆上绝少,范围最大,强度最强,摧毁力超级大	特大海啸

注:表中所列风速是指平地上离地10m处的风速值。

48.风能资源有什么特点?

风是空气的水平运动。从能量的角度来看,自然界的风是具有机械能的资源。风把风筝吹到天空,就是对风筝做功;风能使小风车飞转,即对小风车做功。大家都看过帆船比赛,它的动力就是风,通过风的作用力对帆做功,帆船获得了动能,利用风来驱动帆船航行(图3-25)。我们把空气运动产生的动能称为"风能"。空气流速越高,动能越大。换言之,只要有风,就有能量。

图3-25 帆船风帆

风能是太阳能的一种转化形式。据估计到达地球的太阳能中虽然只有大约2%转化为风能,但其总量仍是十分可观的。根据世界能源理事会的估算,在全球$1.07 \times 10^8 k m^2$的陆地面积中大约有27%的地区在10 m高空处年平均风速大于5m/s。世界气象组织(WMO)在1954年的出版物中估计地球上的风能资源总量约为$2.74 \times 10^9 MW$,其中可利用的风能为$2 \times 10^7 MW$,比地球上可开发利用的水能总量还要大10倍。风能资源分布的广泛性和丰富性,将为其开发利用创造巨大的发展潜力。

根据不同方式的能源分类,风能资源也隶属于不同的能源类型。简单地说,风能资源是一次能源中可再生的清洁型的非常规能源，即新能源。

风能资源主要包括陆地风能资源和海洋风能资源两大类，风能具有以下三大优点。① 蕴藏量极其丰富，具有巨大的供给能力。② 可再生，具有可持续性。在地球上分布十分广泛，只要有太阳能存在，就有风的存在，风能就可以周而复始的循环利用。③ 就地可取，无需运输。风能本身是免费的，就地取材，开发风能是解决偏远地区和少数民族聚居区能源供应的重要途径。④ 风能属于清洁型能源，不污染环境，不破坏生态。风能在开发利用过程中不会给空气带来污染，也不破坏生态，是一种清洁安全的能源。

风能也有三大弱点。① 能量密度低。由于风能来源于空气的流动，而空气的密度是很小的，因此风力的能量密度也很小，只有水力的千分之一。② 能量不稳定。由于气流瞬息万变，因此风的脉动、日变化、季变化以至年际的变化都十分明显，波动很大，极不稳定，这种不稳定性给使用带来一定难度。③ 地区差异大。由于地理位置和地形的影响，风力的地区差异非常明显。即使在一个邻近的区域，有利地形下的风力，往往是不利地形下的几倍甚至几十倍。

49. 中国风能资源的储量与分布

我国属于地球北半球中纬度地区，在大气环流的影响下，分别受副极地低压带、副热带高压带和赤道低压带的控制，我国北方地区主要受中高纬度的西风带影响，南方地区主要受低纬度的东北信风带影响。

我国地域辽阔，陆地最南端纬度约为北纬18度，最北端纬度约为北纬53度，南北陆地跨35个纬度，东西跨60个经度以上。我国独特的宏观地理位置和微观地形地貌决定了我国风能资源分布的特点。我国在宏观地理位置上属于世界上最大的大陆板块——欧亚大陆的东部，东临世界上最大的海洋——太平洋，海陆之间热力差异非常大，北方地区和南方地区分别受大陆性和海洋性气候相互影响，季风现象明显。北方具体表现为温带季风气候，冬季受来自大陆的干冷气流的影响，寒冷干燥，夏季温暖湿润；南方表现为亚热带季风气候，夏季受来自海洋的暖湿气流的影响，降水较多。

按照陆地与海洋的距离划分，我国可分为南部沿海地区、东南部沿海地区、东部沿海地区、中部内陆地区和西部、北部、东北部内陆地区。

南部沿海地区在东北信风带和夏季热低气压的影响下，主风向为东风和东北风，由于夏季低气压的气压梯度较弱，因此风力不大，风能较小。

东南部沿海地区与台湾岛在台湾海峡地区形成独特的狭管效应，而该地区又正处于东北信风带，主风向与台湾海峡走向一致，因此风力在该地区明显加速，风力增大，风能资源丰富，具有较好的风能开发价值。

东部沿海地区基本上处于副热带高压控制，气压梯度小，同时，该地区又受海洋性气候的影响，大风持续时间短且不稳定，风能资源开发潜力一般。

中部内陆地区由于所处地理位置条件的限制，冬季来自北方的冷空气难以到达这里，夏季受海洋性气候的影响较小，同时由于该地区地势地形复杂和地面粗糙度变化较大，不利于气流的加速，因而风能资源比较贫乏。

西部、北部和东北内陆地区主要包括新疆、甘肃、宁夏、内蒙古、东北三省、山西北部、陕西北部和河北北部地区，这些地区纬度较高，处于西风带控制，同时冬季又受到北方高压冷气团影响，主风向为西风和西北风，风力强度大，持续时间长，同时这些地区海拔较高，风能衰减小，因此具有较好的风能开发价值。

我国对风能资源的研究起步较晚，最早的风能资源普查始于20世纪70年代末。我国气象局开展的全国性风能资源评价共有4次，前3次为普查，2007年底开展的第四次评价工作为"全国风能资源详查与评价"。依据2007年国家发展与改革委员会能源研究所得出的结论，我国风能资源的技术可开发量为$7 \times 10^8 \sim 12 \times 10^8 \, \text{kW}$，其中陆地风能资源可开发量为 $6 \times 10^8 \sim 10 \times 10^8 kW$，海上风能资源可开发量为 $1 \times 10^8 \sim 2 \times 10^8 kW$，陆上大于海上。

我国风能资源非常丰富，仅次于俄罗斯和美国，居世界第三位。我国风能资源丰富的地区主要集中在北部、西北、东北草原和戈壁滩，以及东南沿海地区和一些岛屿上，四川盆地地区分布极少。

（1）"三北"（东北、华北、西北）风能丰富带

该地区包括东北三省、河北、内蒙古、甘肃、青海、西藏、新疆等省区近200km宽的地带，是风能丰富带。该地区可设风电场的区域地形平坦，交通方便，没有破坏性风速，是我国连成一片的最大风能资源区，适于大规模开发利用。

（2）东南沿海地区风能丰富带

冬春季的冷空气、夏秋的台风，都能影响到该地区沿海及其岛屿，是我国风能最佳丰富带之一，年有效风功率密度在 $200 W/m^2$ 以上，如台山、平潭、东山、南鹿、大陈、嵊泗、南澳、马祖、马公、东沙等地区，年可利用小时数为7000～8000h。东南沿海由海岸向内陆丘陵连绵，风能丰富地区距海岸仅在50km之内。

（3）内陆局部风能丰富地区

在两个风能丰富带之外，局部地区年有效风功率密度一般在 $100 W/m^2$ 以下，可利用小时数3000h以下。但是在一些地区由于湖泊和特殊地形的影响，也可能成为风能丰富地区。

（4）海拔较高的风能可开发区

青藏高原腹地也属于风能资源相对丰富区之一。另外，我国西南地区的云贵高原海拔在3000m以上的高山地区，风力资源也比较丰富。但这些地区面临的主要问题是地形复杂，受道路和运输条件限制，施工难度大，再加上海拔高，空气密度小，能够满足高海拔地区风况特点的风电机组较少等，增加了风能开发的难度。

（5）海上风能丰富区

海上风速高，很少有静风期，可以有效利用风电机组发电容量。一般估计海上风速比平原沿岸高20%，发电量增加70%，在陆上设计寿命20年的风电机组在海上可达25 ～ 30年。我国海上风能丰富地区主要集中在浙江南部沿海，福建沿海和广东东部沿海地区，这些地区海上风力资源丰富且距离电力负荷中心很近，虽然海上风电开发成本较高，但具有高发电量的特点。

50. 人们是怎样利用风能的？

风能利用已有数千年的历史，在蒸汽机发明以前，风能曾经作为重要的动力，用于风帆助航、风车提水饮用和灌溉、排水造田、磨面和锯木等。

风能最早的利用方式是"风帆行舟"，埃及被认为可能是最早利用风能的国家。几千年之前，古埃及人的风帆船就在尼罗河上航行。中国利用风能也有悠久的历史，古代甲骨文字中就有"帆"字存在，1800年前东汉刘熙著作里有"随风张幔曰帆"的叙述，说明我国是利用风能最早的国家之一。唐代的诗仙李白诗云："乘风破浪会有时，直挂云帆济沧海"，可见唐代时风帆船广泛地应用于江河航运。至于风帆船最辉煌的时期则要数中国的明代，明朝时郑和七下西洋（图3-26），远扬国威，成熟的风帆船制造技术功不可没。明朝以后，风车在中国得到了广泛的利用，宋应星的《天工开物》一书中记载有："扬郡以风帆数扇，俟风转车，风息则止"，这就是对风车比较完整的一个描述。表明我国劳动人民在明代就会制作将风力的直线运动转变为风轮旋转运动的风车，在风能利用上前进了一大步。

风车也叫风力机，是一种不需燃料、以风作为能源的动力机械。人类使用风车已有3000多年的历史。世界上最早发明并使用风车的国家要数古希腊人了。现存最早的风车，是非洲尼罗河西北

图3-26 郑和下西洋场景图

部亚历山大利亚的石塔风车，塔的顶部曾建有一架带有六片羽翼的风车。据文字记载，公元前650年，古希腊有一位叫阿布·罗拉的奴隶，曾对他的主人说，他可以借用风的力量，把水从井下提上来。主人听了十分高兴，立即决定让罗拉来进行这项试验。不久，罗拉创造的风车诞生了。用砖砌成的如高塔一般的建筑物，前后各开一个通风口，中间有一根巨大的转轴，轴上装有用芦苇编织成的风叶。当风从前面吹进来以后，叶片便被带动了起来，随后，风又从后面的通口出去。罗拉的风车发明以后，几乎轰动了整个古希腊，人们纷纷仿效，在不长的时间里，希腊国土上便耸立起了许多类似的风车。直到今天，希腊的不少地方仍然可以看到许多古色古香、奇形怪状的古老风车。

2000多年前，中国就已利用古老的风车提水灌溉、碾磨谷物。中国古代的风车是从船帆发展起来的，它具有6～8副像帆船那样的篷，分布在一根垂直轴的四周，风吹时像走马灯似的绕轴转动，叫走马灯式的风车。

在国外，公元前2世纪，古波斯人就利用垂直轴风车碾米。公元10世纪伊斯兰人用风车提水，11世纪风车在中东已获得广泛的应用。13世纪风车传至欧洲，14世纪风车已成为欧洲不可缺少的原动机。在荷兰风车（图3-27）先用于莱茵河三角洲湖地和低湿地的汲水，其风车的功率可达50马力，以后又用于榨油和锯木。到了18世纪20年代，在北美洲风力机被用来灌溉田地。利用风力发电的尝试开始于20世纪初，到1918年，丹麦已拥有风力发电机120台，额定功率为5～25kW不等。从1920年起，人们开始研究利用风力机作大规模发电。1931年，在苏联的Crimean Balaclava建造了一座100kW容量的风力发电机，这是最早商业化的风力发电机。

图3-27　荷兰风车

在蒸汽机出现之前，水力机械和风力机械都是重要的动力机械，其后随着煤炭、石油、天然气的大规模开采和廉价电力的获得，曾经被广泛使用的风力、水力机械，由于成本高、效率低、使用不方便等原因，逐渐失去主流地位。

但是，风能作为大自然中取之不尽、储量充沛的可持续能源，在一度被冷落之后却又焕发了新的生机。风力发电站在解决无电农牧区人民的用电问题方面起到了非常重要的作用，特别是在20世纪70年代之后，风能作为一种清洁的可再生能源，越来越受到世界各国的重视。最积极的是丹麦，自80年代开始大力发展风力发电。德国自1991年开始立法（规定风电电价为最终用户价格的90%），随后风力更进入了一个蓬勃发展的阶段，在世界不同地区建立了许多的风力发电站，为人类提供着大量的清洁、可持续能源。

从全球范围来看，自20世纪90年代以来，海上风电经过十多年的探索，技术已日趋成熟。到2006年底，全球海上风电装机容量已达到9.0×10^5 kW，特别是丹麦和英国发展较快，装机达到4.0×10^5 kW和3.0×10^5 kW。2010年，中国首个海上风电场——上海东海大桥1.0×10^5 kW风电场（图3-28）建成投产，并顺利完成验收考核。根据中国可再生能源"十三五"规划，我国将积极稳妥推进海上风电开发。到2020年，海上风电开工建设1.0×10^7 kW，确保建成5.0×10^6 kW。未来几年，中国海上风电将进入加速发展期。

图3-28　上海东海大桥风电场

风能作为一种无污染和可再生的新能源有着巨大的发展潜力，特别是对沿海岛屿，交通不便的边远山区，地广人稀的草原牧场，以及远离电网和近期内电网还难以达到的农村、边疆，作为解决生产和生活能源的一种可靠途径，有着十分重要的意义。可以预见的是，风能作为储量极其丰富、清洁无污染的自然能源，必将会有进一步的发展，成为多元能源结构的一个重要组成部分。

51. 中国古代机械——立式风车

立式风车是一种由风力驱动使轮轴旋转的机械，发明于宋代。主要结构由平齿轮、立轴和风帆等组成进行回转运动，旋转的轮轴带动磨或水车，以实现齿轮的啮合与分离，起离合器的作用，从而达到磨麦或取水灌溉的目的。南宋刘一止（1078—1161年）在《苕溪集》卷三中描写到："老龙下饮骨节瘦，引水上诉声呼呀。初疑蹙踏动地轴，风轮共转相钩加。……残年我亦冀一饱，谓此鼓吹胜闻蛙。"这里，"风轮"当指风车的风轮，"钩加"应指风车与翻车之间的传动。从"残年"二字推断，这当是1140—1150年前后的事。明代，徐光启《农政全书》卷十六记，"近河南及真定诸府"（在今河南、河北两省内），"大作井以灌田"，"高山旷野或用风轮也"。《天工开物》卷一又记，扬郡（今江苏省扬州、泰州、江都等地）"以风帆数扇"驱动翻车，"去泽水以便栽种"。

风车的早期记载过于简略，没有指出装置的结构形式和叶片（风帆）数。明代童冀的《水车行》对零陵（今湖南水州及广西全州一带）使用风力翻车的情景作了如下描述："零陵水车风作轮，缘江夜响盘空云。轮盘团团径三丈，水声却在风轮上。……轮盘引水入沟去，分送高田种禾黍，盘盘自转不用人，年年只用修车轮。"对照清代的记载，可以断定，这种直径达三丈（约为10m）的风车为立轴式（或称立帆式）"大风车"。

清中叶，周庆云在《盐法通志》卷三十六中描述了立轴式风车的构造原理："风车者，借风力回转以为用也。车凡高二丈余，直径二丈六尺许。上安布帆八叶，以受八风。中贯木轴，附设平行齿轮。帆动批转，激动平齿轮，与水车之竖齿轮相搏，则水车腹页周旋，引水而上。此制始于安丰官滩，用之以起水也。长芦所用风车，以坚木为干，干之端平插轮木者八。如车轮形。下亦如之。四周挂布帆八扇。下轮距地尺余，轮下密排小齿；再横设一轴，轴之两端亦排密齿与轮齿相错合，如犬牙形，其一端接于水桶，水桶亦以木制，形式方长二三丈不等，宽一尺余。下入于水，上接于轮。桶内密排逼水板，合乎相之宽狭，使使无余隙，逼水上流入池。有风即转，昼夜不息。……"又按："一风车能使动两水车。譬如风车平齿轮居中，驱驶两水车竖齿往来相承，一车吸引外沟水。一车吸引由汪子流于各沟内未成卤之水。"中国立式风车的复原模型如图3-29。

图3-29　中国立式风车复原模型

风帆的构造原理与中国式船帆无异。每面帆以藤圈套在桅杆上，上端系游绳（升帆索）吊挂在辐杆的滑车上。帆靠近立轴的一边用缆绳（帆脚索）拉系在临近的一个桅杆下部。通过收放游绳来调节帆的高低及帆的受风面积。风吹帆，推动桅杆，使立轴和平齿轮转动，驱动翻车。风压与帆的面积、升挂高度及安装角度有关。风大时，一个平齿轮可驱动两台甚至三台翻车。

中国古代风车具有明显的特点，除卧式轮轴外，风帆为船帆式。帆并非安装于轮轴径向位置，而是安装在轴架周围的八根柱杆上。帆又是偏装，即帆布在杆的一边较窄，在另一边较宽，并用绳索拉紧。中国古代风车原理见示意图3-30，当风作用于A时，帆为顺风，帆与风向垂直（受力最大）并被绳拉紧；转到位置C时，帆被吹向外，帆面与风向平行；至E处再恢复迎风位置。利用绳索的松紧和帆的偏装，它可以利用戗风或逆风，如同在船帆中一样。这种装置方式使帆可以自由随风摆动，而不产生特别的阻力，帆在外周转动的有效风力作用范围超出180度。如在位置G，开始转入顺风，帆还可以利用部分风力少量作业。这种船帆式风车的特色，为中国所独有。

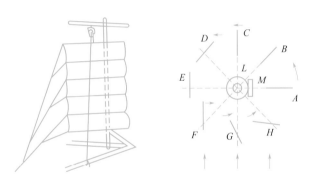

图3-30　中国古代风车原理示意图

　　欧洲地区是温带海洋性气候，风是盛行西风，风向是固定的，风力也相差不会很大，因而有条件建造朝向是固定的塔状风车。而中国是季风气候，冬季西北风，夏季西南风，风力不仅差异很大，风向还不固定。南方北方还受地形影响，风力变化更大。中国立式风车最为巧妙之处在于风车运转过程中风帆的方向自动调节，这充分体现中国劳动人民的智慧。

　　中国风车作为风能利用的主要方式之一，在解决人畜饮水、农牧业灌排以及沿海养鱼、制盐等方面都发挥了重要作用。我国东南沿海向来有风车提水的使用习惯，江苏省1959年曾有多达20余万台提水风车。这些风车由于它体积庞大、占地面积较多，20世纪80年代中期已被电动或内燃机水泵替代。

52.美丽的荷兰风车

人们常把荷兰称为"风车王国",在荷兰随处可见一座座古朴而典雅的风车（图3-31）。荷兰是欧洲西部一个只有一千多万人口的国家。它的真正国名叫"尼德兰"。"尼德"是低的意思,"兰"是土地,合起来称为"低洼之国"。荷兰全国三分之一的面积只高出北海海平面1m,近四分之一的面积低于海平面,真是名副其实的"尼德兰"。

荷兰坐落在地球的盛行西风带,一年四季盛吹西风。同时它濒临大西洋,又是典型的海洋性气候国家,海陆风长年不息。这就给缺乏水力、动力资源的荷兰,提供了利用风力的优厚补偿。

因为地势低洼,荷兰总是面对海潮的侵蚀,生存的本能给了荷兰人以动力,他们筑坝围堤,向海争地,创造了高达9m的抽水风车,营造生息的家园。1229年,荷兰人发明了世界上第一座为人类提供动力的风车。漫长的时期,人们采用原始的方法加工碾磨谷物,最初是手工体力操作,以后是马拉踏车和以水力推动的水车,之后才是借风力运转的风车。因为荷兰平坦、多风,因而风车很快便得到普及。需求的迅速增加,又带动了风车技术的改造。风车的用途也不再局限于碾磨谷物,而是发展为加工大麦、把原木锯成桁条和木板、制造纸张,还从各种油料作物如亚麻籽、油菜籽中榨油,还把香料磨碎制成芥末。尽管用途多多,人们还是更愿意记住从前欧洲流传的这句话:"上帝创造了人,荷兰风车创造了陆地"。的确,如果

图3-31 荷兰风车

没有这些高高耸立的抽水风车，荷兰无法从大海中取得近乎国土三分之一的土地，也就没有后来的奶酪和郁金香的芳香。

在荷兰，不论走到哪里，只要向田野望去，就会看到一座座高高的风车张开双臂像巨人一样屹立在那里。风车的式样很多，如轴式风车、裙式风车、落地式风车、平台式风车、围墙式风车、塔式风车、八边木制顶动风车和圆形顶动风车等。常见的风车有一个十字架的车翼，翼片长达20m左右，翼片上装着细木条方格支架，上面蒙上帆布，用来集中风力，使之转动。车翼安装在石块砌成的圆锥形基座上，基座粗壮高大，有4层楼高，为了有足够的风力吹动风车，风车都要架设得很高。从正面看，风车呈垂直十字形，即使它休息，看上去也仍是充满动感，仿佛要将地球转动。

荷兰这些风车的作用主要是将风力转化为桨轮转动的动力。从物理上讲，就是将风能转化为动能，从而将低处的水提上来。18世纪荷兰风车达到了鼎盛时期，全国有12000座风车。这些风车用来碾谷物、粗盐、烟叶、榨油，压滚毛呢、毛毡、造纸以及排除沼泽地的积水。正是这些风车不停地吸水、排水，保障了全国三分之二的土地免受沉沦和人为鱼鳖的威胁。风车是荷兰民族的骄傲与象征，也是荷兰文化的传承与弘扬。

19世纪后，随着科学技术的发展，风车的作用逐渐被蒸汽机和电力所取代，大部分风车已经退休。但是，荷兰人对这种老式风车依然怀着深厚的感情，他们把这些风车精心地保护起来，每年都给风车外面刷上鲜艳的油漆，让它们仍然威风凛凛地站在荷兰平坦的原野上，显示出中世纪的古风古韵。目前，荷兰大约有两千多架各式各样的风车。荷兰人感念风车是他们发展的"功臣"，因而确定每年5月的第二个星期六为"风车日"，这一天全国的风车一齐转动，举国欢庆。

现在，风车在荷兰不再作为风力机械使用，但利用风力来发电的现代风车，依然为荷兰提供清洁能源。今天的荷兰风车，已经成为了荷兰人精神的象征，它向人们诉说着前人艰苦创业建设家园的动人故事。

53.风力发电的奥秘

古人利用风车来抽水、磨面，用风帆行船，"呼风"可以"换电"吗？科学实践证明，利用风能可以发电，并且它不需要燃料，也不会产生辐射或空气污染。利用风能发电称之为风力发电，简称"风电"。风电作为一种主要的"绿色"电力能源，也是风能资源最主要和最有效的利用形式，已经成为目前发展速度最快、商业规模化最广泛，且具有经济开发价值的清洁型新能源。世界上许多国家都把风电作为能源结构转型过程中重要的组成部分和发展方向。

利用风力发电的尝试，早在20世纪30年代，丹麦、瑞典、苏联和美国应用航空工业的旋翼技术，成功地研制了一些小型风力发电装置。这种小型风力发电机被广泛应用在多风的海岛和偏僻的乡村，它所获得的电力成本比小型内燃机的发电成本低得多。不过，当时的发电量较低，大都在5kW以下。

由于20世纪80年代的石油危机，许多欧洲国家开始寻找出路，最积极的是丹麦，自80年代开始热衷于风力发电。2015年丹麦风电全年平均覆盖负荷的比例达到42%，是世界上风电使用比率最高的国家，预计到2020年可达50%。在丹麦，随风转动的乳白色三叶发电风轮随处可见。世人常说荷兰是风车王国，但若以现代发电风车而论，"风车王国"的桂冠当属丹麦。此外，德国、英国、西班牙、美国等发达国家的风电利用也非常成功。

中国利用风能发电，始于20世纪70年代。当时以微小型风力发电机组为主，单机容量在50～500W不等，主要用于满足内蒙、青海等省区牧民的汲水、照明需求。70年代中期以后风能开发利用列入"六五"国家重点项目，得到迅速发展。1996年，中国实施"乘风计划"，先后在新疆、内蒙、广东、山东、辽宁、福建、浙江、河北等省区建设了19个风电场。2005年，《中华人民共和国可再生能源法》的颁布，标志着中国的风力发电事业进入了一个前所未有的发展时代。根据全球风能理事会的统计数据，2015年，中国累计装机容量不但大幅度领先第二名的美国，而且超越整个欧盟，占全球市场份额的33.6%。

人们是怎样利用风力发电的呢？风力发电所需要的装置，叫作风力发电机组，包括风轮、发电机和铁塔三部分。风轮由两只或更多只叶轮组成，当风吹来时，叶轮驱动风轮转动，把风的动能转变为机械能，再通过发电机把机械能转变为电能。铁塔修建得比较高，它是支撑风轮和发电机的构架。

大家会注意到，大部分风力发电机都是3个叶片在转动着，这是为什么呢？其实，科学家们做了很多复杂的理论计算和风洞实验，来确定发电机叶片的形状和叶片的个数。实验证明，风轮的叶片不是越多越好，三叶风轮与两叶风轮相比，运转时的平衡性更好。与多叶风轮相比，三叶风轮的优点是轮叶自重较轻、叶片长度较长。综合多种因素考虑，三叶风轮具有比较好的性能，风能利用率也比较高。

风力发电机组一般由风轮、传动装置、塔架、调向器（尾翼）、限速调速装置、发电机和储能装置等构件组成，大中型风力发电系统还有自控系统。风力发电机组的基本结构如图3-32。

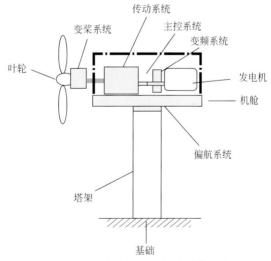

图 3-32　风力发电机组的基本结构示意图

　　叶片安装在轮毂上称作风轮，包括叶片、轮毂、主轴等。风轮是集风装置，将流动空气具有的动能转变为风轮旋转机械能。风轮捕获的能量最终要传递给发电机，由发电机将其转化为电能输出给用户使用。叶片是风力发电机组最关键的部件，现代风力发电机上每个转子叶片的测量长度大约为20m，叶片数通常为2枚或3枚，大部分转子叶片用玻璃纤维强化塑料（GRP）制造。叶片可分为变桨距和定桨距两种叶片，其作用都是为了调速，当风力达到风力发电机组设计的额定风速时，在风轮上就要采取措施，以保证风力发电机的输出功率不会超过允许值。

　　发电机是风力发电机组的核心部件，是机械能传递的终点，也是电能输出的源头。目前风能利用中有3种风力发电机，即直流发电机、同步交流发电机和异步交流发电机。

　　塔架是支撑风力发电机的支架，是风力发电系统重要的基础平台。除了要支撑风力机的重量，还要承受吹向风力机和塔架的风压以及风力机运行中的动载荷。塔架的结构形式主要有桁架式钢结构塔架、圆锥式钢塔架和钢筋混凝土塔架等。

　　风速是变化的，风轮的转速也会随风速的变化而变化。限速调速装置能保证风轮的转速在一定的风速范围内运行，当风速增大时，过各种机构使风轮偏离主风向，减少迎风面和受到的风力以达到调速的目的。

　　调向器的作用是尽量使风力发电机的风轮随时都迎着风向，最大限度地获得风能，一般采用尾翼控制风轮的迎风朝向。调向器由电子控制器操作，电子控制器可以通过风向标来感觉风向。

　　风力发电机的微机控制系统是风力发电机组的灵魂。控制系统的主要职责是运行管理与安全保护。风力发电机组的控制系统主要由传感器、控制器、执行机构、软件组成。传感器就好比是人的眼睛和耳朵，主要的任务是收集情报，或者叫采集信息，汇报给大脑（反馈给控制器）。对于风力发电机组来讲，大体需要如下的十几种传感器，包括风向标、风速仪、转速传感器、桨距角传感器、限位开关、油位指示器、压力传感器、振动传感器、电流互感器、电压互感器、操作开关、按钮等。控制器就如同人的大脑，它在听取了传感器的汇报后，对当前形势作出正确分析，并发出指令安排下一步的工作。传感器的信号输送到控制器，控制器按设计程序给出各种指令实现自动启动、自动调向、自动调速、自动并网、自动解列、运行中机组故障的自动停机、自动电缆解绕、过振动停机、过大风停机等的自动控制。执行机构如同人的手和脚，它只要认认真真地完成控制器的工作计划就可以了。现代风力发电机真正实现了无人值守的自动控制，其运行时待机、启动、发电运行、并网及功率调节、控制等都是全自动的。在发生故障时，控制系统按照预设的安全策略进行工作，以保证风力发电机组处于安全状态。

目前，在世界各地无论在沙漠、草原上，还是大海上，风轮机迎风展翼蔚为壮观，风能已是当今世界上最"风流"的能源。

54.达坂城的"大风车"

达坂城的"大风车"已成为新疆最美、最独特的风景。在乌鲁木齐去吐鲁番的途中，沿路南行，在通往丝路重镇达坂城的道路两旁，巨大的风车林立在高速公路两侧，延绵数十里。风力发电机擎天而立、迎风飞旋，与蓝天、白云相衬，在博格达峰清奇峻秀的背景下，在广袤的旷野之上，形成了一个蔚为壮观的风车大世界。这里就是目前我国最大的风能基地——新疆达坂城风力发电厂（图3-33），是亚洲规模最大的风力发电站。

图3-33　达坂城风力发电厂

新疆风能资源丰富，而昔日丝路重镇，以一曲《达坂城的姑娘》名扬海内外的达坂城地区，是目前新疆九大风区中开发建设条件最好的地区。这片位于中天山和东天山之间的谷地，西北起于乌鲁木齐南郊，东南至达坂城山口，是南北疆的气流通道，可安装风力发电机的面积在 $1000km^2$ 以上，同时，风速分布较为平均，破坏性风速和不可利用风速极少发生。一年内，12 个月均可开机发电。

达坂城地区的风有多烈？有唐朝大诗人岑参在这里写下的诗句为证："君不见走马川行雪海边，平沙莽莽黄入天。轮台九月风夜吼，一川碎石大如斗，随风满地石乱走。"清代洪亮吉遭贬伊犁，遇释回归途中曾遇风灾，也有诗记载："云光裹地也裹天，风力飞人也飞马。马惊人哭拼作泥，吹至天半仍分飞。一更风颓樵者唤，人落山头马山半。"

1985 年，新疆开始了风力发电的研究、试验和推广工作。1986 年，从丹麦引进自治区第一台风力发电机，在柴窝堡湖边高高竖起，试运行成功，为新疆风能资源的开发和利用奠定了基础。1988 年，利用丹麦政府赠款，新疆完成了达坂城风力发电场第一期工程。这是自治区最早的风力发电厂，也是全国规模开发风能最早的实验场。1989 年 10 月，发电厂并入乌鲁木齐电网发电，当时无论是单机容量和总装机容量，均居全国第一。此后，发电厂不断扩大，雄居全国首位。目前，这里的总装机容量为 1.25×10^5 kW，单机 1200kW。

随着时代的发展，"西部歌王"王洛宾笔下的达坂城最迷人之处不是歌声中描绘的异域风情，而是坐落在戈壁滩上百台几十米高的风力发电机构成的独特景观：灰白色高柱直冲蓝天，不时缓缓转动的三扇桨叶发出"嗡嗡"的蜂鸣声，反衬出西部土地的磅礴之美。

55. 可以"发电"的风筝

风筝由我国古代劳动人民发明于东周春秋时期，至今已 2000

多年。相传墨翟以木头制成木鸟，研制三年而成，是人类最早的风筝起源。后来鲁班用竹子，改进墨翟的风筝材质，进而演变成为今日的多线风筝。最简单的风筝，是由木棒、细绳和彩纸扎成的花花绿绿的儿童玩具。能"发电"的风筝当然不是我们平时玩的风筝，这些发电风筝是比较特殊的，上面安装着多种传感器，采用高强度的轻质材料制成的。"发电"的风筝面积大、重量轻、抗风能力强，风筝"发电"装置如图3-34。

图3-34 风筝"发电"装置

根据记载，早在19世纪初就有人用大型风筝来拉小火车，但是人们在1980年前后才开始着手研究风筝发电的可能性。美国科学家劳埃德在20世纪80年代提出了"风筝发电"的概念，其有4个要点，即气流、风筝、绳索、卷扬机。当风筝垂直于气流的时候，其拉动绳索来驱动地面的卷扬机发电；当风筝与气流平行的时候，卷扬机再把风筝倒拉回来。以此往复，产生电能。当然，这只是个理论的雏形，由于条件的限制，关于风筝发电的研究一直处于不温不火的状态。直到近几年科技的飞速发展，风筝发电的优点被进一步证实，其与现实应用的距离也才在不断缩小。

如今，各个国家的科研人员正在努力让风筝发电，使它成为高空风力发电的平台。风筝发电系统很复杂，如风筝将高空的风能转化为机械能的同时，也是保持系统稳定的平衡器，但平衡运动与做功运动相互影响，因此设计出平衡与做功的最佳控制模式有很大难度。另外，碰到雷雨天气，电站容易被"顺绳索而下"的雷电击毁。我们相信，在可预见的未来，"风电风筝"将会飞入高空，将那里更强劲、更稳定的风能"捕获"回来。

56. 值得期待的清洁能源——海风

风力发电是世界上发展最快的绿色能源技术，在陆地风电场建设快速发展的同时，人们已经注意到陆地风能利用所受到的一些限制，如占地面积大、噪声污染等问题。由于海上丰富的风能资源，海洋将成为一个迅速发展的风电市场。相比于陆上，海上风速明显较高，且海面粗糙度比陆上小很多，风速随高度增加较快，具有更好的开发利用价值。

虽然海上风能是一座取之不竭、用之不尽的宝库。然而，与陆上风电相比，海上风电成本是陆上风电投资成本的两倍，居高不下的成本是发展海上风电必须要面对的一道难题。根据国际可再生能源署提供的数据显示，内陆风电项目成本构成中，风机制造、运输与安装的比例占到总成本的64%～84%，而海上风电项目仅占到30%～50%。高出近一倍的电网成本、建造成本以及其他成本，使得海上风电项目开发成本高昂。且海上风电场的选址离岸越来越远，水越来越深，也就相应带来了地基、并网和安装等一系列成本的攀升。相关资料显示，海上风电风速高，发电量比陆上风电多50%，这可以部分抵消其较高的投资成本。在业内人士看来，海上风电能够"飞"多远，关键在于能否打破成本和技术两大屏障。

海上风电开发主要集中在欧美地区，2006年风电装机总量达到 7.4×10^7 kW。根据欧洲风能协会规划，到2020年全世界风电电量达 3.1×10^{14} kW·h，占总发电量的12%。

　　我国的海上风电资源较丰富，海上风电有很大的发展潜力。目前我国是全球第四大海上风电国，占据全球海上风电8.4%的市场份额。2015年，我国风电并网装机规模达到1.29×10^8 kW，海上风电项目却屈指可数。不过，这一情况即将发生改变。在国家发展改革委和国家能源局印发的《能源技术革命创新行动计划（2016—2030年）》及行动路线图中，研发大型海上风机赫然在列。"十三五"时期，国家将大力推动海上风电跨越式发展，海上风电将从技术、质量、政策等方面取得飞跃式进步，实现高速发展。

第三章

生物质能

<<<<

57. 什么是生物质能?

在了解生物质能之前,让我们先来认识什么是生物质。国际能源机构(IEA)对生物质的定义是,生物质(biomass)是指通过光合作用而形成的各种有机体,包括所有的动植物和微生物。光合作用即利用空气中的二氧化碳和土壤中的水,将吸收的太阳能转换为碳水化合物和氧气的过程,光合作用是生命活动中的关键过程。植物的光合作用如图3-35。所谓生物质可以理解为,由光合作用产生的所有生物有机体的总称。其组成成分也多种多样,包括糖类(甘蔗、甜菜)、淀粉类(土豆、玉米)、纤维类(木材、农作物秸秆、杂草)等。

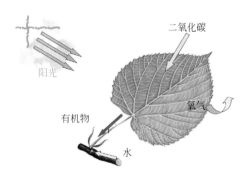

图3-35 植物的光合作用

$$二氧化碳 + 水 \xrightarrow[\text{叶绿体}]{\text{光能}} 有机物 + 氧气$$
(储存着能量)

生物质能源分布不受地域的限制，山川大地、茫茫戈壁和浩瀚海洋都有生物质能源的踪迹。因此，生物质是地球上存在最广泛的物质，可以说在地球上无处不在，形式繁多，数量庞大，其中有代表性的生物质如农作物、农作物废弃物、木材、木材废弃物和动物粪便物等物质。

所谓生物质能（biomass energy），就是蕴藏在生物质中的能量，是绿色植物通过叶绿素将太阳能转化为化学能存储在生物质内部的能量。即以生物质为载体的能量，是太阳能以化学能形式存储在生物质中的能量。它直接或间接地来源于植物的光合作用，是一种可再生能源，同时也是唯一一种可再生的碳源。从根本上说，生物质能来源于太阳能，是太阳能的一种表现形式。

生物质能作为自然界内最普遍的存在，有一个明显的特点是总量非常大。地球上的植物进行光合作用所消费的能量，占太阳照射到地球总辐射量的0.2%。这个比例虽不大，但绝对值很惊人，经由光合作用转化的太阳能是目前人类能源消费总量的40倍。可见，生物质能是一个巨大的能源。

从化学的角度，生物质的组成是碳氢（C—H）化合物，它与常规的矿物燃料，如石油、煤炭等是同类。由于煤炭和石油都是生物质经过长期转换而来的，所以生物质是矿物燃料的始祖，被喻为即时利用的绿色煤炭，在缺少煤炭的地区就可以使用生物质能来代替。

生物质可以直接燃烧，我国农村还有一些居民用燃烧木柴、秸秆取暖和炊事。生物质能可以通过燃烧转换为热能，燃烧产生的二氧化碳又可再次通过光合作用转换成生物质能，因此生物质能是可再生的能源，是唯一一种可循环使用的碳源，是永不枯竭的金矿。那么，利用生物质能还会产生污染吗？答案是肯定的。因为生物质内也含有少量的氮和硫，在燃烧过程中会转化为二氧化硫和氮氧化物，如果在田间焚烧秸秆等也会污染空气。

58. 生物质能资源可以分为哪几类?

依据来源的不同,将适合于能源利用的生物质分为林业资源、农业资源、生活污水和工业有机废水、城市固体废物和畜禽粪便等五大类。

林业生物质资源是指森林生长和林业生产过程提供生物质能的生物质能源,包括薪炭林、在森林抚育和间伐作业中的零散木材、残留的树枝、树叶和木屑等;木材采运和加工过程中的枝丫、锯末、木屑、梢头、板皮和截头等;林业副产品的废弃物,如果壳和果核等。

农业生物质能资源是指农作物(包括能源作物)、农业生产过程中的废弃物和农业加工业的废弃物。农作物包括产生淀粉可发酵生产酒精的薯类、玉米、甜高粱等,产生糖类的甘蔗、甜菜、果实等;农业生产过程中的废弃物,如农作物收获时残留在农田内的农作物秸秆(秸秆是纤维组分含量很高的农作物残留物,主要包括玉米秸、高粱秸、麦秸、稻草、豆秸和棉秆等);农业加工业的废弃物,如农业生产过程中剩余的稻壳等。能源植物泛指各种用以提供能源的植物,通常包括草本能源作物、油料作物、制取碳氢化合物植物和水生植物等几类。

生活污水主要由城镇居民生活、商业和服务业的各种排水组成,如冷却水、洗浴排水、盥洗排水、洗衣排水、厨房排水、粪便污水等。工业有机废水主要是酒精、酿酒、制糖、食品、制药、造纸及屠宰等行业生产过程中排出的废水等,其中都富含有机物。

城市固体废物主要是由城镇居民生活垃圾,商业、服务业垃圾和少量建筑业垃圾等固体废物构成。其组成成分比较复杂,受当地居民的平均生活水平、能源消费结构、城镇建设、自然条件、传统习惯以及季节变化等因素影响。

畜禽粪便是畜禽排泄物的总称,是其他形态生物质(主要是粮食、农作物秸秆和牧草等)的转化形式,包括畜禽排出的粪便、尿及其与垫草的混合物。

59.有趣的"石油植物"

所谓"石油植物",是指那些可以直接生产工业用燃料油,或经发酵加工可生产燃料油的植物的总称。

数百年来,煤炭、石油和天然气一直是人类能源的主角,随着能源消耗量的不断增加,这些不可再生的能源日趋紧缺。在人们对能源的前景感到忧虑的时候,科学家们设想,既然煤炭、石油和天然气的"祖宗"都是远古时代的植物,那么能不能种植绿色植物,来速成"石油",从而为人们所利用呢?

美国加利福尼亚大学的化学家、诺贝尔化学奖得主梅尔温·卡尔文自20世纪70年代开始寻找并研究可能生产"石油"的植物,进而从地里"种"出石油来。

以卡尔文为代表的研究小组足迹遍及世界各地,从寻找产生类似于石油成分的树种入手,集中研究了十字花科、菊科、大戟科等十几个科的大部分植物,分析了这些植物的化学成分。功夫不负有心人,历经多年的寻觅,终于在巴西的热带雨林里发现了一种名为"三叶橡胶树"的高大的常绿乔木(图3-36)。这是一种能产生"石油"的奇树,人们只需要在它的树干上打一孔洞,就会有胶汁源源不断地流出。卡尔文教授对这种胶汁进行了化验,发现其化学成分居然与柴油有着惊人的相似之处,无需加工提炼,即可充当柴油使

图3-36 巴西橡胶树

用。将其加入安装有柴油发动机的汽车油箱，可立即点火发动，上路行驶。现在，橡胶树已被公认为是大自然中最为理想的可直接提供"生物石油"的植物之一。

在美国的加利福尼亚州，卡尔文找到了另一种虽不像橡胶树那样令人吃惊，但分布非常广泛的"石油植物"，由于黄鼠等啮齿动物都害怕它的气味，故当地人称其为"鼠忧草"或"黄鼠草"。这种野草也可提炼"石油"，每公顷"鼠忧草"可提炼1t"石油"，经过杂交改良，每公顷产"油"量高达6t。在此基础上，美国学者还找到了30多种富含"石油"的野草，诸如乳草、蒲公英等。

在菲律宾和马来西亚，还有一种被誉为"石油树"的银合欢树，该树分泌的汁液石油成分含量很高。

在澳大利亚北部，科学家们发现了两种可以提炼"石油"的多年生野草——桉叶藤和牛角瓜。这些野草十分速生，株高生长每周可达30cm，如果人工栽植的话，每年可收割多次。可采用溶解法从这两种野草的茎叶中提炼出一种白色汁液，然后再从中制取"石油"。另外，澳大利亚还有一种桉树，含"油"率高达4.2%，亦即1t桉树可获取优质燃料5桶之多。

最近，日本科学家发现一种芳草类植物（分类上属于芒属植物）也是一种理想的"石油植物"。这种植物具有很强的光合作用能力，生长速度极快，一季能长3m高，故当地人又称之为"象草"。它对生长环境要求不高，从亚热带到温带的广阔地区均可生长，且无需施用化肥，仅凭根状茎上的庞大根系就能有效地吸收土壤中的养分。尤其值得一提的是，它的种植成本很低，还不足种植油菜成本的1/3，可是变成"石油"所产生的能量却相当于用油菜籽提炼"生物柴油"的2倍。就产量而言，$100m^2$平均每年可收获、提炼12t"生物石油"，比其它现有任何能源植物都高产。同时，由于这种芒属植物收割时植株较为干燥，所以提炼"石油"的转化率也很高。

其实，可提供"燃料"的植物未必都要在泥土里才能生长。奥兰多市净化池里的风信子长势良好，污水就是这种植物的最好营养物。因此，种植风信子可以达到一箭双雕的目的：既可净化水源，也可得到"可燃气体"。

从植物中提炼"石油"最令人鼓舞的前景之一是来自对藻类的研究与开发，因为它们生长迅速，产量也很高。例如，在淡水中生存的一种丛粒藻简直就是一种产"油"机，它们能够直接排出液态"燃油"。在美国西海岸附近的海域中，生长着一种巨型海藻，一天可长60cm，含"油"量很高。日本一个科研小组宣布，他们成功地从一种淡水藻类中提取出了"石油"，这种藻类"石油"生成能力远远超过预想的程度。

再有，加拿大科学家在地下盐水层中发现了两种生产"石油"的细菌，一种是红色的，一种是无色透明的，它们繁殖很快，两天可收获一次，每平方海里的水域中每年可生产14亿升"生物石油"。

三十多年来，科学家们还发现300多种灌木、400多种花卉植物都含有一定比例的"石油"。"石油植物"主要集中在夹竹桃科、大戟科、萝藦科、菊科、桃金娘科以及豆科植物中，折断这些植物的茎叶，可从伤口处看见有乳白色或黄褐色液体流淌出来，这些液体中便含有与石油成分相似的碳氢化合物。

石油植物作为未来的一种新能源，与其他能源相比，具有许多优点：① 石油植物是新一代的绿色洁净能源，在当今全世界环境污染严重的情况下，它的应用对保护环境十分有利；② 石油植物分布面积广，若能因地制宜地进行种植，便能就地取木成油，而不需勘探、钻井、采矿，也减少了长途运输，成本低廉，易于普及推广；③ 石油植物可以迅速生长，能通过规模化种植，保证产量，而且是一种可再生的种植能源，而非一次能源；④ 植物能源使用起来比较安全，不会发生爆炸、泄漏等安全事故；⑤ 开发石油植物，还将逐步加强世界各国在能源方面的独立性，减少对石油市场的依赖，可以在保障能源供应、稳定经济发展方面发挥积极作用。

"石油植物"被称为21世纪的绿色能源。植物界可用于制成"石油"的植物品种很多，不少乔木、灌木、草本植物以及藻类、细菌等都含有可观的天然炼"油"物质。近年来，科学家还发现利用玉米、高粱、甘蔗等的秸秆可以生产"汽油酒精"，并可直接用作汽车的动力燃料。今天，"石油农业"已悄悄地在全世界兴起。

60.生物质能源的几种形态

生物质能是一种可再生能源，它直接或间接地来源于绿色植物的光合作用，可转化为多种终端能源，如固体成型燃料、液体燃料（生物燃油）和气体燃料。

（1）生物质固体成型燃料

生物质直接燃烧是最古老、最广泛的生物质利用方式。直接燃烧得到的热量可直接利用，也可进行后续转换（如秸秆发电）。不过，直接燃烧的转换效率往往很低，会污染空气而影响生态环境。如传统的农用灶炉，其热效率只有10%～20%，造成生物质能的极大浪费。

生物质固体成型燃料是一种比较经济的燃料，它的原料主要来自秸秆、森林三剩物（采伐、造材和加工的剩余物）、木屑、花生壳、树皮等。一般是将松散的锯末、木屑、稻壳、秸秆等原料粉碎到一定细度后，在一定压力、温度和湿度条件下，挤压成棒状、球状、颗粒状的固体燃料（图3-37）。压缩成型可以解决天然生物质分布散、密度低、松散蓬松造成的储运困难、使用不便等问题。生物质成型燃料投料方便，发热量大，清洁卫生，不污染环境，属于节约型燃料。尤其是经过炭化后

图3-37　生物质木质颗粒

燃烧，燃料热能利用率可达90%以上。可用于生活取暖、火力发电的燃料，已越来越受到人们的重视。目前，我国市场上用途最广泛，种类最多的燃料就属成型燃料。

（2）生物质液体燃料

由生物质制成的液体燃料叫做生物质液体燃料简称生物质燃油，主要包括生物乙醇、生物丁醇、生物柴油、生物甲醇等。生物质燃油可替代柴油、重油、天然气，直接用于工业锅炉燃烧和各类工业窑炉（冶金窑、玻璃窑、陶瓷窑）直接燃烧；经再加工后可替代汽油、柴油，用于汽车、轮船等交通领域。目前生物燃油的成本比化石燃油要高一些，但技术革新对降低成本的潜力是巨大的。此外，以非粮原料或农业废弃物为原料转化的生物燃油相比之下将有更强的价格竞争力。

（3）生物质气体燃料

以生物质为原料生成的非常规天然气叫做生物质气体燃料。一般来自于生物质沼气，或将固体生物质置于气化炉内加热，同时通入空气、氧气或水蒸气，来产生品位较高的可燃气体，如生物天然气。它的特点是气化率可达70%以上，热效率也可达85%。生物质气化生成的可燃气经过处理可用于合成、取暖、发电等不同用途，这对于生物质原料丰富的偏远山区意义十分重大，不仅能改变他们的生活质量，而且也能够提高用能效率，节约能源。

由于生物质来源广泛，专家估计，到21世纪中叶采用新技术生产的各种生物质替代燃料将占全球总能耗的很大比重。

61. 生物质能的利用

人类一直都在使用生物质能，自古代开始我们的祖先就把大量的干柴枯草堆积在一起，燃烧它来提供热量。在农业社会，秸秆和薪柴就一直是主要的燃料，这就是传统生物质能，有时统称薪炭。1860年，薪炭在世界能源消耗中所占比例仍高达73.8%。随着化石燃料的大量开发利用，薪炭能源的比例逐渐下降。19世纪以后，矿物燃料大量勘探开采，生物质能退居次要位置。

1973年能源危机的爆发及矿物能源的严重污染，使生物质能的开发利用引起世界各国政府和科学家的关注。许多国家制定了相应的开发研究计划，如印度的绿色能源工程、美国的能源农场和巴西的酒精能源计划等发展计划。其它诸如丹麦、荷兰、德国、法国、加拿大、芬兰等国，多年来一直在进行各自的研究与开发，并形成了各具特色的生物质能源研究与开发体系，拥有各自的技术优势。

现有的技术是怎样利用生物质的呢？通常是利用物理、热化学或生物化学的方法将生物质能转换成二次能源和高品位能源，对生物质资源进行深加工，使之成为高效的固态、气态和液态燃料。生物质能利用途径主要包括燃烧、热化学法、生化法、化学法和物理化学法等，可将生物质能转化为二次能源，分别为热量或电力、固体燃料（木炭或成型燃料）、液体燃料（生物柴油、生物原油、甲醇、乙醇和植物油等）和气体燃料（氢气、生物质燃气和沼气等）。生物质能的转化利用技术如图3-38所示。

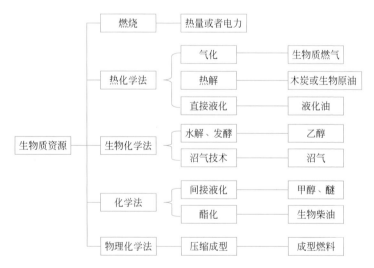

图3-38　生物质能的转化利用技术

生物质的热化学转换是指在一定的条件下，使生物质汽化、炭化、热解和催化液化，以生产气态燃料、液态燃料和化学物质的技术。

生物质的生物化学转换包括生物质－沼气转换和生物质－乙醇转换等。沼气转化是有机物质在厌氧环境中，通过微生物发酵产生一种以甲烷为主要成分的可燃性混合气体即沼气。乙醇转换是利用糖质、淀粉和纤维素等原料经发酵制成乙醇。如果在汽油中掺入 10%～20% 的乙醇，使之变成乙醇汽油，则在汽车发动机不做任何改造的条件下开动汽车，除了可节省汽油，还可减少汽车尾气中一氧化碳和碳氢化合物的排放量。但到目前为止，用糖或淀粉通过发酵来生产酒精的成本还比较高，而且还要消耗粮食。因此，科学家正在研究用农作物的副产品如植物纤维（秸秆、木屑、锯末等）生产廉价的酒精，则可大量节省汽油，并可减少汽车尾气对环境的污染。

生物质能是世界上重要的新能源，技术成熟，应用广泛，在应对全球气候变化、能源供需矛盾、保护生态环境等方面发挥着重要作用，是全球继煤炭、石油、天然气之后的第四大能源，成为国际能源转型的重要力量。

我国《生物质能发展"十三五"规划》概括了生物质能在生物质发电、生物质成型燃料、生物质燃气和生物液体燃料4个方面的应用情况。

① 生物质发电 截至2015年，全球生物质发电装机容量约 1×10^8 kW，其中美国 1.59×10^7 kW、巴西 1.1×10^7 kW。生物质热电联产已成为欧洲，特别是北欧国家重要的供热方式。生活垃圾焚烧发电发展较快，其中日本垃圾焚烧发电处理量占生活垃圾无害化处理量的70%以上。

② 生物质成型燃料 截至2015年，全球生物质成型燃料产量约 3.0×10^7 t，欧洲是世界最大的生物质成型燃料消费地区，年均约 1.6×10^7 t。北欧国家生物质成型燃料消费比重较大，其中瑞典生物质成型燃料供热约占供热能源消费总量的70%。

③ 生物质燃气　截至2015年，全球沼气产量约为 $5.7 \times 10^{10} m^3$，其中德国沼气年产量超过 $2.0 \times 10^{10} m^3$，瑞典生物天然气满足了全国30%车用燃气需求。

④ 生物液体燃料　截至2015年，全球生物液体燃料消费量约 $1 \times 10^8 t$，其中燃料乙醇全球产量约 $8.0 \times 10^7 t$，生物柴油产量约 $2.0 \times 10^7 t$。巴西甘蔗燃料乙醇和美国玉米燃料乙醇已规模化应用。

《生物质能发展"十三五"规划》也指出了未来生物质能发展趋势：生物天然气和成型燃料供热技术和商业化运作模式基本成熟，逐渐成为生物质能重要发展方向；生物液体燃料向生物基化工产业延伸，技术重点向利用非粮生物质资源的多元化生物炼制方向发展，形成燃料乙醇、混合醇、生物柴油等丰富的能源衍生替代产品，不断扩展航空燃料、化工基础原料等应用领域。

62. 什么是生物质能发电？

生物质燃烧是人类对能源最早利用的一种方式。生物质燃烧后所得到的热量可直接利用，也可转换成电能。世界生物质发电起源于20世纪70年代，当时，世界性的石油危机爆发后，丹麦开始积极开发清洁的可再生能源，大力推行秸秆等生物质发电。1988年，诞生了世界上第一座秸秆生物燃烧发电厂。1992年，英国第一家利用动物粪便的电厂建成。自1990年以来，生物质发电在欧美许多国家开始大发展，特别是2002年约翰内斯堡可持续发展世界峰会以来，生物质能的开发利用正在全球加快推进。作为农业大国，我国对生物质能发电也极为重视，从1987年起开始生物质能发电技术研究。国家能源局发布《生物质能"十三五"规划》中指出，我国到2020年生物质发电总装机容量达 $1.5 \times 10^7 kW$。

生物质发电是利用生物质所具有的生物质能进行的发电，是可再生能源发电的一种，一般分为直接燃烧发电和气化发电。包括农林废弃物直接燃烧发电、农林废弃物气化发电、垃圾焚烧发电、垃圾填埋气发电、沼气发电。

生物质能直接燃烧发电的原理是以农作物秸秆和林木废弃物为原料，进行简单加工，然后输送到生物质发电锅炉，经过充分燃烧后产生蒸汽推动汽轮发电机发电。生物质能直接燃烧发电流程见图3-39。

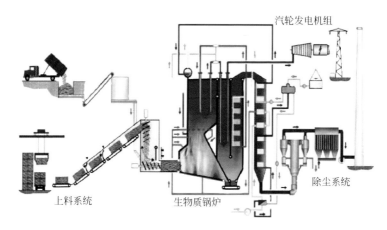

汽轮发电机组

上料系统　　　　　生物质锅炉　　　　除尘系统

图3-39　生物质能直接燃烧发电流程示意图

已开发应用的生物质锅炉种类较多。如木材锅炉、甘蔗渣锅炉、稻壳锅炉、秸秆锅炉等。其适用于生物质资源比较集中的区域，如谷米加工厂、木料加工厂等附近。因为只要工厂正常生产，谷壳、锯屑和柴枝等就可源源不断地供应，为发电提供了物料保障。生物质燃烧后产生的灰粉又加工成钾肥返田，该过程将农业生产原本的开环产业链转变为可循环的闭环产业链，是完全的变废为宝的生态经济。

生物质气化发电又称生物质气化发电系统，利用气化炉把生物质转化为可燃气体，经过除尘、除焦等净化工序后，再通过内燃机或燃气轮机进行发电。过程包括三方面，即生物质气化、气体净化、燃气发电。既能解决生物质难于燃用而又分布分散的缺点，又可以充分发挥燃气发电技术设备紧凑而污染少的优点，所以是生物质能最有效最洁净的利用方法之一。

　　例如秸秆发电，就是以农作物秸秆为主要燃料的一种发电方式，又分为秸秆气化发电和秸秆燃烧发电。秸秆是农作物通过采摘脱粒后留下来的茎叶，主要有玉米、小麦、水稻、高粱、大豆等秸秆品种。秸秆发电是大力发展循环经济、利用可再生资源来转变经济增长方式的重要战略举措。

　　农作物秸秆在很久以前就开始作为燃料，直至1973年第一次石油危机时丹麦开始研究利用秸秆作为发电燃料，在这个领域丹麦BIOENER ApS公司是世界领先者，第一家秸秆燃烧发电厂于1989年投入运行（Haslev，5MW）。此后，BIOENER ApS公司在西欧设计并建造了大量的生物发电厂，其中最大的发电厂是英国的Elyan发电厂，装机容量为38MW。

　　除了农作物秸秆可以发电，生活垃圾也可以用来发电，如图3-40。西方发达国家大都建有垃圾发电厂，美国在20世纪80年代兴建了90座垃圾焚烧厂，90年代又建了近400座发电厂，垃圾焚烧率达40%；日本垃圾电站有131座。

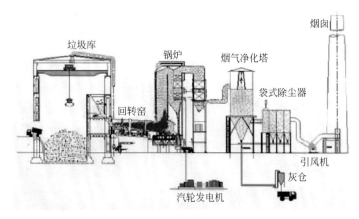

图3-40　生活垃圾发电流程示意图

　　我国生活垃圾处理技术起步较晚，1985年在深圳建立了第一座垃圾焚烧发电厂，近年来在国家产业政策的支持下，我国垃圾焚烧技术得到了迅速发展，垃圾焚烧发电处理在我国呈现出迅猛增长的势头。截至2016年，全国建成运行的垃圾焚烧发电厂近300座，如今垃圾焚烧处理比例占垃圾清运量的35%。

据报道，目前在深圳已建成垃圾发电厂7座，年发电1.16×10^9 kW·h。我国还将在深圳建设一座世界上最大的垃圾发电厂——深圳东部垃圾焚烧发电工厂（图3-41）。该设施将采用垃圾焚烧发电领域最先进的技术，巨大的圆形建筑屋顶面积近$66000m^2$，其中约$40000m^2$将被铺上光伏板，使建筑本身可通过太阳能实现可持续供应。剩余的屋顶则用于屋顶绿化、水回收系统以及天窗。此外，这个垃圾处理厂简单的圆形结构和紧凑的外形设计，也最大限度地减少了建筑物的占地面积，减少了建造成本和时间。

图3-41 深圳东部垃圾焚烧发电工厂项目

深圳东部垃圾焚烧发电工厂项目，计划将在2020年投入运营。建成后，预计每天可以处理约5000t垃圾，约占2000万人口的深圳全年产生垃圾数量的1/3。

63.沼气的超能力：化腐朽为神奇

沼气，顾名思义是沼泽湿地里的气体。人们经常看到，在沼泽地、污水沟或粪池里，有气泡冒出来，如果把这种冒出的气泡收集起来，可以用火点燃。因为这种可燃气体最初是在池沼中发现的，所以称它为沼气。从科学定义角度看，沼气是各种有机物质，在隔绝空气（还原条件），并在适宜的温度、pH下，经过微生物的发酵作用产生的一种可燃烧气体。沼气属于二次能源，并且是可再生能源。

其实沼气是一种含有多种气体的混合物，主要成分是甲烷（CH_4）、二氧化碳（CO_2）和少量的硫化氢（H_2S）、氢（H_2）、一氧化碳（CO）、氮（N_2）等气体。其中甲烷占50%～70%、二氧化碳占30%～40%，其他成分含量极少。沼气的主要成分是甲烷，甲烷是一种简单的碳氢化合物，化学性质极为稳定，不溶于水，比空气轻一半，是一种无色、无味、无臭、无毒的可燃性气体。沼气未燃烧时略有蒜味或臭鸡蛋气味，是因为沼气中含有少量硫化氢气体的缘故。如果沼气占空气总体积的8%～20%，就很容易发生爆炸。

当甲烷完全燃烧时，呈蓝白色火焰，燃烧温度可达1400℃，能够产生大量的热。$1m^3$甲烷气体完全燃烧时，发热量为36489kJ。$1m^3$人工沼气的发热量为20930kJ左右。相当于1kg优质煤或0.7kg汽油的发热量。沼气是一种优良的气体燃料，不仅能用来烧菜、煮饭、照明，还可以用作动力燃料，驱动内燃机（图3-42）。$1m^3$的人工沼气，

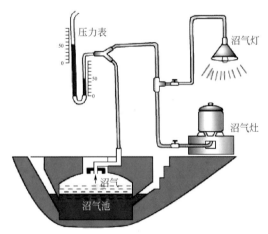

图3-42   沼气综合利用示意图

能供3～4口之家三餐饭菜的燃料，能使一盏60W光的沼气灯照明6h，能使一马力（735W）的内燃机工作2h，能发电1.25kW·h。

在适宜的温度和湿度下，农作物的叶茎、杂草、树叶、动物粪便以及生活废弃物等有机物密封在一定的空间里，经过微生物的发酵作用，都会产生沼气，发酵后排出的料液和沉渣，还可以用作肥料和饲料，这种把废物转化为能源的措施令人赞叹，可以说是"化腐朽为神奇"。

产生沼气的过程实际上是一个微生物发酵的过程，简单地说是多种细菌在一定的温湿度、酸碱度和厌氧的环境下，分解有机物，最后产生沼气的过程。在这个过程中，一群隐身的"大功臣"起着重要的作用，它们是各种细菌，用肉眼是看不到它们的真实面目的，需要借助电子显微镜（图3-43）。

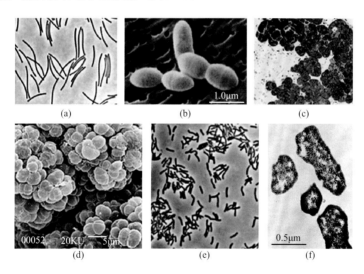

图3-43 显微镜下的产甲烷菌

科学家根据各类细菌在沼气发酵过程中所起的作用，将其分为两大类：第一类细菌叫分解菌，第二类细菌叫产甲烷细菌，通常叫甲烷菌。分解菌的作用是将复杂的有机物分解成简单的有机物和二氧化碳（CO_2）等，它们中专门分解纤维素的，叫做纤维分解菌，专门分解蛋白质的，叫做蛋白分解菌，专门分解脂肪的，叫做脂肪分解菌；甲烷菌的作用是把简单的有机物和二氧化碳氧化或还原成甲烷。沼气的产生过程，类似工厂里生产一种产品，需要两道工序：首先是分解细菌将秸秆、杂草、粪便等复杂的有机物加工成半成品（结构简单的化合物）；接着在甲烷细菌的作用下，将简单的化合物加工成产品（甲烷）。产甲烷菌是一种厌氧细菌，广泛存在于水底沉积物和动物消化道等极端厌氧的环境中，只能分解和代谢几种含碳底物，适宜生存在pH为中性的条件下，并且生长速度缓慢。

沼气作为能源利用已有很长的历史。我国的沼气最初主要为农村户用沼气池，将植物的秸秆、枝叶、杂草等有机物封闭在窖中，在缺氧环境中使之发酵产生沼气。20世纪70年代初，为解决秸秆焚烧和燃料供应不足的问题，我国政府在农村推广沼气事业，沼气池产生的沼气用于农村家庭的炊事并逐渐发展到照明和取暖。

自20世纪80年代以来，以沼气发酵综合利用技术为纽带，物质多层次利用、能量合理流动的高效农产模式，已逐渐成为我国农村地区利用沼气技术促进可持续发展的有效方法。通过沼气发酵综合利用技术，沼气用于农户生活用能和农副产品生产、加工，沼液用于肥料、饲料、生物农药、培养料液的生产，沼渣用于肥料的生产。我国北方推广的塑料大棚-沼气池-禽畜舍-厕所相结合的"四位一体"沼气生态农业模式、中部地区的以沼气为纽带的生态果园模式、南方建立的"猪-果"模式，以及其他地区因地制宜建立的"养殖-沼气-植""猪-沼-鱼"和"草-牛-沼"等模式都是以业为龙头，以沼气为纽带，对沼气、沼液、沼渣的多层次利用的生态农业模式。沼气发酵综合利用生态农业模式的建立使农村沼气和农业生态紧密结合起来，是改善农村环境卫生的有效措施，是发展绿色种植业、养殖业的有效途径，已成为农村经济新的增长点。

2008年1月，蒙牛投资4500万元建立了全球最大的畜禽类生物质能沼气发电厂。蒙牛生物质能发电厂日处理鲜牛粪500t，日生产沼气$12000m^3$，年发电量1×10^7 kW·h，直接接入国家电网；年减排温室气体约25000t二氧化碳当量。平均下来，每头奶牛每年能"发电"1000kW·h，相当于为5台家用电冰箱提供一年的用电量。联合国开发计划署特别对此项目授予"加速中国可再生能源商业化能力建设项目·大型沼气发电技术推广示范工程"。

64.你了解生物炭吗?

生物炭的研究起源于人们对南美亚马逊流域一种叫"印第安黑土"（当地人称为terra preta do indio）土壤的发现和关注。生活在巴西亚马逊河流域的人们长期使用一种特殊的肥料。这种肥料来源于当地，具有极强的恢复贫瘠土壤肥力的能力。当地人把它称为"印第安黑土"（图3-44）。这是一种产于当地，能使贫瘠的土地神奇般恢复生机的腐殖物质。他们将它成袋的买回来，或者掘地三尺把它挖掘出来，然后将其铺撒在田间，其肥效可以维持很长一段时间。

图3-44 印第安黑土

　　"印第安黑土"稠密、多产、肥沃，与当地稀松、贫瘠的土壤形成了鲜明的对比。某些地区黑土的储量绵延数公顷，但是没有人真正了解这种神秘的黑色沃土到底是什么。现代研究证明，黑土是哥伦布发现美洲之前亚马逊盆地农业文明遗留下来的少数遗迹之一。它是由2500多年前，也许甚至是6000年以前生活在亚马逊流域的人们制造出来的。虽然土壤贫瘠，但是这种自制的土壤却让这里的文明得以传承，并使当地的农业得以发展。一般认为，他们制造这种土壤所使用的原材料包括常见的粪便、鱼类、动物骨骼和植物废料。但是生产黑土的关键原料是木炭，这也是黑土之所以呈现黑色的原因。

　　黑土壤中的木炭可以使土壤肥力维持一个世纪之久。几个世纪以来，生活在南美亚马逊流域的人们都靠这些原生态材料制造"黑土壤"来肥沃土地。几千年过去了，那儿的土壤不需耕耘灌溉，依旧十分肥沃。

　　通过人们不断的研究发现，这种黑土中含有着大量木炭，其木炭含量比与之相邻的非黑土土壤要多得多，由于印第安黑土中的木炭主要来源于自然火灾或人们炊事活动燃烧木柴的剩余物，因此这些土壤中传统意义上的黑炭（black carbon）则被认为是生物炭的最初形式。

　　生物炭（biochar）又被称为生物质炭，是一种碳含量极其丰富的木炭。生物炭是由生物质（如木材、农业废弃物、植物组织或动物废弃物）在缺氧情况下，经高温慢热解（通常＜700℃）产生的一类难熔、稳定、高度芳香化、富含碳素的固态物质，科学家们称为"生物炭"。根据生物质材料的来源，可分为木炭、竹炭、秸秆炭、稻壳炭、动物粪便炭等。生物炭中不仅碳含量很高，其氮、磷、钙、钾和镁的含量也比较丰富，并且这些养分元素也是供给植物生长所需的营养元素。

　　借助扫描电镜，可发现生物炭具有生物炭孔状结构，有比较大的比表面积和孔隙度（图4-45）。含碳率高、孔隙结构丰富、比表面积大、理化性质稳定是生物炭固有的特点，也是生物炭能够还出改土、提高农作物产量、实现碳封存的重要结构基础。因此施用生物炭后不仅能改善土壤通气状况，有效地保存水分和养料，而且也能够为微生物提供重要栖息地和繁殖的场所，对吸附固定分子有重要的作用，可以补充土壤的有机物含量，提高土壤肥力。

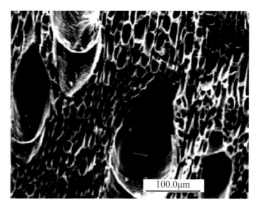

图4-45　显微镜下的生物炭孔状结构

近年来，随着科学家对南美亚马逊流域黑土深入的研究，了解到生物炭不仅能改变土壤的pH、改变土壤的有机质及土壤的水分，还能改变不同农作物的形态特征，并且能提高全球粮食安全保障，它更能减缓全球气候变化。

中国工程院院士、沈阳农业大学陈温福教授指出了生物炭可应用在以下方面：生物炭施入农田，可有效地改善土壤结构和理化性质，增加作物产量；应用于气候变化领域，可固碳减排；与农、林业相结合，将农林业生产过程中的废弃生物质通过炭化技术制备成生物炭，用作土壤改良剂返还给农田，可有效改善土壤理化性质与微生态环境，修复污染土壤，提高土壤生产性能、作物产量和品质。这种"取之于农，用之于农"的循环经济模式，有利于促进农、林业的可持续发展；应用于环境领域，可钝化重金属、吸附有机污染物等（图4-46）。

改善土壤团粒结构

保水保肥

解磷解钾
抑制其他有害菌

有效保护

吸附钝化重金属
和农药残留

有机质

钾 磷 钾 钾 磷 钾 磷 钾

生物炭制成炭基肥

竹子生物炭　微生物　重金属　水　氮　磷　钾　EM菌　有害菌

图4-46　生物炭综合利用

　　生物炭的综合利用在很大程度上可以解决可持续发展、节能降耗、环境保护与治理等领域面临的复杂问题，有助于构建低碳高效经济发展模式，对保障国家环境、能源、粮食安全意义重大。

　　目前为止，还没有人能够成功地复制黑土壤，对生物炭的研究还停留在实验室和田间理论阶段，大量应用生物炭还需要继续研究。

第四章

核 能

<<<<<

65. 什么是核能？

核能又称"原子能"，是20世纪人类的一项伟大发现。人类原子能的诞生地是世界顶级学府美国芝加哥大学，1942年12月2日，著名科学家恩里科·费米（1901—1954，美籍意大利著名物理学家、美国芝加哥大学物理学教授）领导几十位科学家，在美国芝加哥大学建成人类第一台可控核反应堆，命名为"芝加哥一号堆"（Chicago Pile-1）。标志着人类从此进入了核能时代。费米也被称为"原子能之父"（图3-47）。

我们从中学的物理课和化学课已经学到，物质是由分子或原子构成的。分子是由原子构成的，原子是由原子核以及围绕原子核的电子构成的，原子核是原子的核心，由结合在其中的一定数目的质子和中子构成（图3-48）。如一个铀-235原子是由原子核（由92个质子和143个中子组成）和92个电子构成的。如果把原子看作是我们生活的地

图3-47　恩里科·费米

球，那么原子核就相当于一个乒乓球的大小。原子核中的质子、中子依靠强大的核力紧密地结合在一起，因此原子核十分牢固，要使它们分裂或重新组合是极其困难的。但是，在一定条件下一旦使原子核分裂或聚合，就可能释放出惊人的能量，这就是核能。

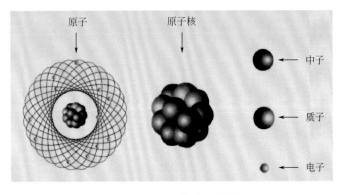

图3-48　原子构成示意图

　　放射性元素（确切地说应为放射性核素）是能够自发地从不稳定的原子核内部放出粒子或射线（如α射线、β射线、γ射线等），同时释放出能量，最终衰变形成稳定的元素而停止放射的元素。这种性质称为放射性，这一过程叫做放射性衰变。含有放射性元素（如铀U、钍Th、镭Ra等）的矿物叫作放射性矿物。

　　α射线是高速氦粒子流（氦原子核），带正电，质量大（这里的质量大小是相对概念，实际上质量是很小的），射程短；β射线是高速电子流，带负电，质量小；γ射线是速度很高的光子，它是从原子核内部发射出来的一种波长短的电磁波，不带电，穿透力强（图3-49）。放射性核素放出这些射线不断衰变，其原子核的数目因衰变而不断减少。放射性衰变遵循指数规律，放射性核素的原子核数目因衰变而减少到它原来一半所需要的时间叫半衰期。

　　核能是原子核结构发生变化时释放的能量。1939年，科学家首次用中子轰击比较大的原子核，使其发生裂变。变成两个中等大小

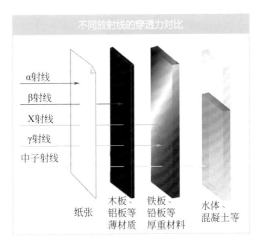

不同放射线的穿透力对比

α射线
β射线
X射线
γ射线
中子射线

纸张　木板、铝板等薄材质　铁板、铅板等厚重材料　水体、混凝土等

图 3-49　不同放射线的能量对比

的原子核，同时释放出巨大的能量。科学家通过实验和研究发现，如果让1kg铀-235全部裂变，可释放出相当于2700t标准煤完全燃烧后所释放出的能量（图3-50）。

那么，怎样才能使原子核内部蕴藏的巨大能量释放出来呢？核能的产生有两种途径：一是重元素的裂变也就是核裂变，质量较大的核俘获中子后分裂成两个（或多个）中等质

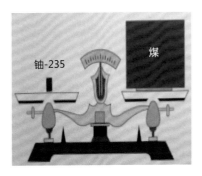

铀-235　煤

图 3-50　1kg铀-235裂变放出的热量相当于2700t标准煤

量核，如铀的裂变；二是轻元素的聚变也就是核聚变，把两个或多个轻核结合成质量较大的核，如氘、氚、锂等。重核裂变或轻核聚变使核的结构发生变化，形成新核，并放出一个或几个粒子的过程叫核反应。

（1）核裂变

一个铀-235原子核在中子的轰击下分裂成为几个较轻的原子核，同时放出2～3个中子，并释放出能量，这种现象就叫作核裂变（图3-51）。

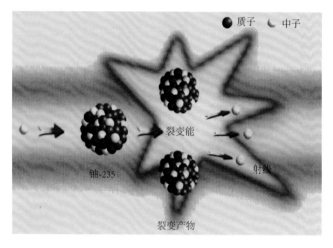

图3-51　核裂变示意图

在一定的条件下，新产生的中子会继续引起更多的铀-235原子核裂变，这样一代代传下去，像链条一样环环相扣，使核裂变反应自动连续地进行下去，科学家将其命名为"自持链式裂变反应"，简称"链式反应"。一个铀核放出的能量是很小的，通过链式反应，就能有大量的核发生裂变，可放出被利用的大量能量（图3-52）。

快速的裂变反应可以引起猛烈的爆炸，原子弹就是利用快速裂变制成的。还可以控制链式反应的速度，把核能用于和平建设事业，"核反应堆"就是控制裂变反应的装置。

目前人们发现只有铀-233、铀-235和钚-239这3种核素在热中子条件下容易发生核裂变，它们都是核燃料，其中只有铀-235是天然存在的，而铀-233、钚-239是在反应堆中人工生产出来的。

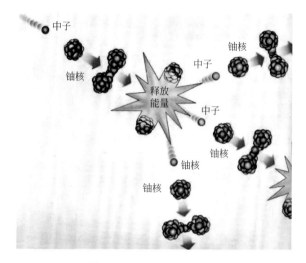

图 3-52 铀-235原子核裂变形成的链式反应

（2）核聚变

除了裂变外，如果将质量很小的原子核，例如氘核与氚核，在一定条件下（如超高温和高压，以克服两个带正电的氘核之间的巨大排斥力），发生原子核互相聚合作用，生成新的质量更重的原子核，并伴随着释放出巨大的能量，这就是核聚变（图3-53）。有时把核聚变也称热核反应。

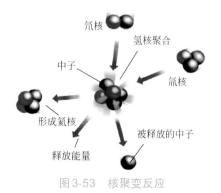

图 3-53 核聚变反应

大量氢核的聚变，可以在瞬间释放出惊人的能量。更可贵的是核聚变反应中不会产生污染环境的放射性物质，不存在放射性污染。聚变能称得上是未来的理想能源。但是，核聚变所需要的条件非常难得，比如氘和氚的聚变反应需要极高的温度（1.5×10^{7}℃）和压强（3.0×10^{16}Pa）。当今的科学技术很难达到。原子弹爆炸以后，人们发现原子弹爆炸瞬间产生的高温和高压能满足核聚变的条件，还可以制成威力更大的核武器，这就是氢弹。1952年第一颗氢弹爆炸后，科学家们一直在努力寻求把氢弹爆炸的过程加以控制。目前，实现受控核聚变还存在许多困难，核聚变能的大规模和平利用还尚需时日。

地球上蕴藏着数量可观的铀、钍等裂变资源，如果把它们的裂变能充分利用，可以满足人类上千年的能源需求。在大海里，还蕴藏着不少于2.0×10^{13}t核聚变资源——氢的同位元素氘。科学家预言，如果可控核聚变在21世纪前期变为现实，这些氘的聚变能将可顶几万亿亿吨煤，能满足人类百亿年的能源需求，有望彻底解决人类能源问题。因此，人类已把解决资源问题的希望，寄托在核能这个能源世界未来的巨人身上了。

66. 核能的发展历程

核能是人类历史上的一项伟大发明，这离不开早期西方科学家的探索发现，他们为核能的应用奠定了基础。在1942年之前，人类在能源利用领域只涉及到物理变化和化学变化。近年来，随着科学技术的不断发展，核能研究与应用有了非常大的进展。纵观核能的发展，经历了核基础研究、军用阶段及和平利用3个阶段。

（1）第一阶段：核基础研究阶段

核基础研究，可以追溯到19世纪末至20世纪初。

19世纪末，英国物理学家汤姆逊发现了电子。

1895年，德国物理学家伦琴发现了X射线。

1896年，法国科学家贝可勒尔发现铀能自动不断地放射出一种穿透力很强的射线，它能使照片感光，这种能自发放出射线的现象就是天然放射现象，具有这种性质的元素叫作放射性元素。

1898年，居里夫人发现新的放射性元素钋，1902年居里夫人经过4年的艰苦努力又发现了放射性元素镭。

1905年，著名科学家爱因斯坦在其相对论中指出：质量只是物质存在的形式之一，另一种形式就是能量。质量和能量可以相互转换。他提出了质能转换公式 $E=mc^2$（E 为能量，m 为转换成能量的质量，c 为光速）。爱因斯坦的质能关系式，为解释核裂变、热核聚变等现象提供了理论依据。核能就是通过原子核反应，由质量转换成的巨大能量。

1911年，卢瑟福完成了"α粒子大角度散射实验"，他证明了原子中除电子外，还存在着"原子核"，建立了原子的"有核模型"：在原子的中心有一个很小的核，叫作原子核，原子的全部正电荷和几乎全部质量都集中在原子核里，带负电的电子在核外的空间运动。1919年卢瑟福在用α粒子轰击氮原子核时，实现了首次人工核反应，并打出"带正电的粒子"——氢原子核，即"质子"。

1931年，约里奥-居里夫妇发现"人工放射性"。

1932年，英国物理学家查德威克首先发现了原子中的"中性粒子"——中子。

1938年，德国科学家奥托哈恩用中子轰击铀原子核，发现了核裂变现象。

1946年，我国物理学家钱三强、何泽慧在法国居里实验室发现了铀原子核的"三裂变""四裂变"现象。

（2）第二阶段：军用阶段

1942年，以费米为首的一批科学家在美国建成了第一座"人工核反应堆"（图3-54），首次实现了人类

图3-54 美国第一座
"人工核反应堆"

图 3-55 氢弹爆炸

历史上铀核可控自持链式裂变反应。

1945 年 8 月 6 日和 9 日，美国将两颗原子弹先后投在了日本的广岛和长崎。全世界第一次知道了什么是原子弹。

1964 年 10 月 16 日，中国在本国西部地区爆炸了一颗原子弹。

1967 年 6 月 17 日，中国第一颗氢弹（图 3-55）在西北核武器研制基地爆炸试验成功，这标志着中国核武器的发展进入了一个新阶段。

（3）第三阶段：和平利用阶段

原子核蕴藏着巨大的能量。人类要想和平利用核能，必须建造核反应堆，并使核反应能持续可控。

1954 年，苏联建成了世界上第一个核裂变能发电站——奥布宁斯克核电站，开创了人类大规模利用核能发电的先河。

1956 年，英国在英格兰北部建成了世界上第一座商业运营的核电站——Calder Hall，向英国国家电网送电。

1991 年 12 月 15 日，中国首座自主设计建造的秦山核电站首次并网发电（图 3-56）。

世界核能协会的数据显示，到 2018 年 1 月为止，全世界共有 30 个国家和地区拥有核电机组，机组总数为 440 个，发电量占全球发电量的 11%。因为核电具有低排放的优势，许多国家都在布局核电，目前共有包括中国在内的 18 个国家的 50 个核电机组在建。

核能的发展和利用是 20 世纪科技史上最杰出的成就之一。目前，人类已将核能运用于工业、农业、医疗、军事、能源、航天等领域。在军事上，核能可作为核武器，并用于航空母舰、核潜艇等的动力源；在经济上，核能可以替代化石燃料，用于发电；核能由于其放射性，被应用于医学，形成了现代医学的一个分支——核医

图 3-56　秦山核电站

学。核技术在治疗恶性肿瘤上得到广泛应用，在放射治疗中，快中子治癌也取得了好的效果。核能技术应用于农学，形成了核农学，常用的技术有核辐射育种等。

67. 世界上第一座民用核电站奥布宁斯克：从核电站到科学城

　　世界上第一座民用核电站——奥布宁斯克核电站（Obninsk）于1954年6月27日在苏联投入运行，是人类和平利用原子能的成功典范，标志着人类核电时代的到来，被全世界公认为人类科学与技术发展过程中的标志性事件（图3-57）。它的建设是当时的最高机密，即使是身处建设工地的工人也不知道自己究竟在建造什么。

　　直到1954年7月1日《真理报》刊登的一则新闻震惊了全世界，

图 3-57　奥布宁斯克核电站

"苏联在科学家和工程师们的努力下已经成功完成世界上第一座民用核电站的设计和建造，净功率可达5000kW（即5MW）。6月27日，这座核电站已经投入使用，为周边地区的工农业项目提供电能"。

奥布宁斯克核电站的建造时间创下了最短纪录——项目从策划到实际建造竣工，仅仅用了3年的时间。这座核电站是在伊戈尔·瓦西里耶维奇·库尔恰托夫（1903—1960年）的主持下，由数以千计的苏联著名科学家和工程师共同努力建造的。库尔恰托夫是苏联物理学家、前苏联核科学技术的组织者和领导者、苏联科学院院士、苏联原子弹之父。

奥布宁斯克位于俄罗斯卡卢加州，奥布宁斯克核电站的反应堆被命名为"和平原子"（Atom Mirny）。奥布宁斯克核电站之所以被称为"第一核电站"，在于它是第一座通过常规输电网供应电力的核能动力堆，其燃料为浓缩铀，采用石墨水冷却堆技术。在奥布宁斯克核电站的建造中，科学家们获得了大量宝贵的经验，为世界核能发展提供了大力的技术支持。

奥布宁斯克反应堆是具有更多实验堆性质的堆型，带有验证性功能，有很大范围的"可调试性"，进行了很多相关适用性实验。在奥布宁斯克核电站运营的几十年内，世界上有更多的核电站建成，同时也出现了核泄漏事故。而奥布宁斯克核电站从建成到退役的48年来都保持了安全运行，非常了不起。

苏联曾决定在1984年关闭这所核电站，然而在之后的很多年中，苏联经历了不少动荡，也需要廉价电力，导致奥布宁斯克核电站的关闭并没有按时实现，又继续服役了18年。直至2002年4月29日11时31分（莫斯科时间），这座已经安全运行了48年的核电站正式关闭。俄罗斯原子能部新闻处表示，作出此决定主要是出于经济和安全两方面的考虑：一是设备老化，安全需要全面衡量；二是经济性，要保证这座核电站安全运转，每年需支出3000万卢布的费用。2002年9月，最后一批乏燃料元件从"和平原子"反应堆中卸载，标志着这座反应堆光荣退役工作中的一个重要阶段完成。

2004年，奥布宁斯克核电站正式变身为俄罗斯的一座博物馆和科技馆，更名为"奥布宁斯克科学城"。

68. 核电站是怎么发电的？

　　利用核能进行发电的电站称为核电站，又称核电厂，是以铀、钚等作燃料，将裂变反应中产生的能量转变为电能的发电厂。核电站一般分为两部分，即利用原子核裂变生产蒸汽的核岛（包括反应堆装置和一回路系统）和利用蒸汽发电的常规岛（包括汽轮发电机系统）。

　　核电站是怎样发电的呢？从原理上讲，核电站实现了核能-热能-电能的能量转换。从设备方面讲，核电站的反应堆和蒸汽发生器起到了相当于火电站的化石燃料和锅炉的作用。它的工作原理是：用铀制成的核燃料在反应堆内进行裂变并释放出大量热能；高压下的循环冷却水把热能带出，在蒸汽发生器内生成蒸汽，推动发电机旋转，从而产生电能。简而言之，它是以核反应堆来代替火电站的锅炉，以核燃料在核反应堆中发生特殊形式的"燃烧"产生热量，来加热水使之变成蒸汽。蒸汽通过管路进入汽轮机，推动汽轮发电机发电（图3-58）。

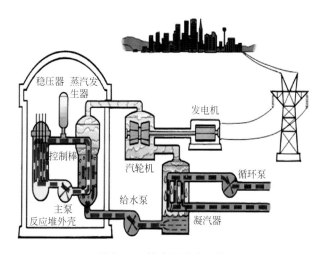

图 3-58　核电站发电系统

经常有人将核电站发电的过程比喻是"烧开水",而核电站"烧开水"是从人类掌握控制核裂变的链式反应开始的。铀核在被中子轰击后,会分裂成两块质量差不多的碎块,这就叫原子核的裂变,在裂变过程中会释放能量,并且裂变的过程中还会产生中子,继续轰击,引发新的裂变,这就叫"链式反应"。人类发现,这样的"链式反应"其实是可控的,于是,就开始使用核裂变释放的能量。

控制住了"链式反应",人类发明了原子弹,也造出了核电站。核裂变释放的能量,可以使反应区的温度升高,水或者液态的金属钠等液体在反应堆内外循环流动,就可以把反应堆内的热量传输出去,让反应堆冷却下来。反应堆放出的热,可以用来"烧水",把水变成水蒸气后推动发电机发电。事实上,这样的发电原理和火电发电机是一样的,只不过一个是用核燃料,一个是用煤。但是,核燃料的工作效率远远高于煤,一支铅笔大小的核燃料相当于10t左右煤的工作效率。

既然核电站"烧开水"的过程起始于中子对铀核的轰击,那么如何控制好中子就至关重要。如果中子速度太快,就容易射不准铀核,于是人类要想办法让中子的速度慢下来,因而会使用一定的"慢化剂",例如石墨、重水、轻水等,这就是常说的石墨反应堆、重水反应堆和轻水反应堆。世界上大部分核电机组采取的是轻水反应堆,轻水就是我们常见的水,相对于重水自然成本更低,效率也更高。

核电站的核心设备是核反应堆。核反应堆是原子核发生链式反应的场所。核反应堆最基本的组成是裂变原子核+载热体。但是只有这两项是不能工作的。因为,高速中子会大量飞散,这就需要使中子慢化增加与原子核碰撞的机会;核反应堆要依人的意愿决定工作状态,这就要有控制设施;铀及裂变产物都有强放射性,会对人造成伤害,因此必须有可靠的防护措施;核反应堆发生事故时,要防止各种事故工况下辐射泄漏,所以反应堆还需要各种安全系统。为了保障核电站的安全,反应堆设置了3道屏障,见图3-59。

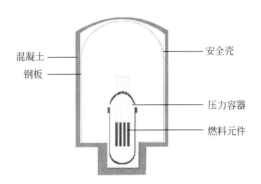

混凝土

钢板

安全壳

压力容器

燃料元件

图 3-59 核反应堆示意图

核电站的第一道安全屏障是核燃料棒的外壳——锆合金，这层锆合金包裹可以避免核燃料棒里的放射性物质与冷却水接触，可以承受1200℃的高温。很多根核燃料棒、控制棒（用途是吸收中子，控制链式反应的程度）及相关设备组成反应堆堆芯装置。

第二道安全屏障是反应堆压力容器，反应堆堆芯就是放置在这个压力容器里的。反应堆工作时会产生巨大的蒸汽压力，所以反应堆压力容器由高强度合金钢制成。其防护作用是：在核燃料棒的锆合金外壳出现破损的时候，放射性物质进入一回路，但仍然控制在反应堆压力容器内，不会扩散到外界。

第三道安全屏障是混凝土安全壳，核电站的安全壳一般由约1m厚的钢筋混凝土和约6mm厚的内衬钢板组成。它的主要作用是，在反应堆压力容器爆炸或破损后，大量放射性物质、放射性废水不会泄漏到外界去。

还需要说明的是，铀矿石不能直接作核燃料。铀矿石要经过精选、碾碎、酸浸、浓缩等程序，制成有一定铀含量、一定几何形状的铀棒或者球状燃料才能参与反应堆工作。

核电站自20世纪50年代开始，根据其工作原理和安全性能的差异，可将其分为四代。

（1）第一代核电站

核电站的开发和建设开始于20世纪50年代。1951年，美国最先建成世界上第一座实验性核电站。1954年苏联也建成发电功率为5000kW的实验性核电站。1957年，美国建成发电功率为90MW的原型核电站。这些成就证明了利用核能发电的技术可行性。上述实验性的原型核电机组被称为第一代核电站。

（2）第二代核电站

20世纪60年代后期，在实验性和原型核电站机组的基础上，陆续建成发电功率为几十万千瓦的压水堆（PWR）、沸水堆（BWR）、重水堆（PHWR）、石墨水冷堆（LWGR）等核电机组，它们在进一步证明核能发电技术可行性的同时，使核电的经济性也得以证明。其中压水堆和沸水堆由于其简单、可靠、经济性好等优势，得到广泛采用。如今，世界上商业运行的四百多座核电机组绝大部分是在这一时期建成的，习惯上称其为第二代核电站。

（3）第三代核电站

为了消除美国三里岛和苏联切尔诺贝利核电站事故的负面影响，世界核电业界集中力量对严重事故的预防和缓解进行了研究和攻关，美国和欧洲先后出台了《先进轻水堆用户要求文件》（URD文件）、《欧洲用户对轻水堆核电站的要求》（EUR文件），进一步明确了预防与缓解严重事故，提高安全可靠性的要求。于是，国际上通常把满足URD文件或EUR文件的核电机组称为第三代核电机组。

第三代反应堆不论是在燃料管理技术、反应堆设计技术，还是数字化控制系统等方面都比第二代反应堆有了很大改观。在这方面我国走在了世界的前列，浙江三门和山东海阳核电站的建成，成为世界第三代核电站的先行者。

"华龙一号"也是我国自主研发的第三代核电站。"华龙一号"是由中国两大核电企业中国核工业集团和中国广核集团在我国30余年核电科研、设计、制造、建设和运行经验的基础上，研发的先进百万千瓦级压水堆核电技术。"华龙一号"采用177个燃料组件的反应堆堆芯、多重冗余的安全系统、单堆布置、双层安全壳，全面平衡贯彻了"纵深防御"的设计原则，设置了完善的严重事故预防和缓解措施。2018年11月15日，中国广核集团公布，我国三代核电技术"华龙一号"在英国的通用设计审查（GDA）第二阶段工作完成，正式进入第三阶段。

（4）第四代核电站

第四代核电站是待开发的安全性更高的核电站，其目标是到2030年达到实用化的程度，主要特征是经济性高（与天然气火力发电站相当）、安全性好、废物产生量小，并能防止核扩散。

69. 铀矿石的辐射很厉害吗？

核电站使用的核燃料，蕴藏在铀矿里。今天就来认识一下铀矿，并了解将铀矿精炼为核燃料那艰难的历程。

核电厂的燃料来源铀-235，是一种从地球诞生就存在的天然放射性元素，其从铀矿开采、加工而来。铀家族有3个天然同位素兄弟——铀-234、铀-235和铀-238。其中铀-235是地球上唯一天然存在的易裂变核素，因此也是当前核电厂的绝对主力燃料，但它在天然铀资源中的含量仅有0.711%，另有不到0.006%的铀-234，其余99.2%以上都是铀-238。

铀的化学性质很活泼，所以在自然界中总是和其他元素组成化合物，而不存在游离的金属铀。目前地球上已知的铀矿物有170多种，但具有工业开采价值的只有二三十种，其中最重要的有沥青铀矿（八氧化三铀）、品质铀矿（二氧化铀）、铀石（铀的硅酸盐化合物）和铀黑（二氧化铀＋三氧化铀＋二氧化钍）等。很多铀矿物都呈黄色、绿色或黄绿色，有些铀矿物在紫外线下能发出强烈的荧光，正是这种特性让人们发现了它们的放射性现象。如果要评选世界上最美丽动人的矿石，那么铀矿绝对名列前茅——它被誉为矿石

图 3-60　硅铜铀矿

图 3-61　硅铅铀矿

图 3-62　在紫外线照射下发光的铀玻璃

家族中的"玫瑰花"。如图呈绿色针状的硅铜铀矿（图 3-60）、黄色的硅铅铀矿（图 3-61）。

很多人有这样的疑问：铀矿石有辐射吗？就像美丽的毒蘑菇，铀矿如此美丽，辐射肯定很厉害吧？是不是碰都不能碰？

首先，铀矿石有辐射是肯定的。但是，其辐射程度并没有大家想的那么可怕。研究表明，一个人在衣兜里揣个 0.5kg 左右的铀矿石，每天所受的辐射量也就跟戴一块夜光手表差不多。在以前，人们还将铀作为一种调色剂，用来制造好看的玻璃，这就是铀玻璃（图 3-62）。陶器彩釉中过去也用到铀。

作为放射性元素，铀原子核不能稳定存在，会自发地射出某种由微观粒子形成的高能射线而变为另一种原子核，这个过程称为

"核衰变"。不可否认，铀矿石确实有辐射，但铀三兄弟的半衰期分别是：铀-234的半衰期不到25万年，铀-235约为7亿年，最长的铀-238达到45亿年！如此超长的半衰期，意味着单位时间里衰变的原子核数量很少，放射性强度很微弱，所以它并没有那么毒。而且铀衰变放出的是α射线（即α衰变），这种射线虽然电离本领很强，比其他射线更容易打碎生物的DNA和关键蛋白质，但它的穿透力却是所有放射线中最弱的，在空气中的射程只有几厘米远，人的皮肤或者一张普通的纸就可以屏蔽它的能量。所以，只要不通过伤口或口鼻等方式钻进体内，像铀矿石这种没有被"活化"的铀，本身放射性水平对人体来说是安全的。核反应堆的放射性强，是因为铀原子核的裂变反应产生了大量高放射性的核素。

更令人意外的是，铀矿石、铀金属以及含有3%～5%低浓缩铀的核燃料芯块放射性很弱，戴上一副手套后，你依然可以用手捧着它们（图3-63）。

图3-63 核电站中的核燃料

既然铀矿的放射性水平是安全的，铀矿的开采岂不是不用设防了？恰恰相反，铀矿开采时需要重重的保护措施。这又是为什么呢？

很简单，铀矿埋藏在地底下，虽然铀的半衰期以亿年计，但是整个铀矿中铀的量很大，更重要的是铀矿埋在地下，它是密封起来的，长年累月，就聚集了很多放射性。

以含量最多的铀-238为例，虽然本身的衰变速度慢、放射性小，但它要经过14个阶段的衰变才能变成没有放射性的铅-206，这个过程中生成的衰变产物都是放射性物质，有不少是放射性比铀活跃得多的厉害角色。再加上这些矿石几十亿年来深埋在密闭空间里，累积了不少放射性，尤其要当心的是氡。

氡（即常说的氡气）是天然放射性铀系列衰变过程中产生的唯一气态元素。它也有3种同位素——氡-222、氡-220和氡-219，因为分别由镭-226、钍-234和锕-227衰变而来，也俗称镭射气、钍射气和锕射气。如果说铀静若处子，那么氡简直可以说是"动如疯兔"。它们的衰变和铀一样是α衰变，不过半衰期极短：氡-222只有3.8天，而氡-220和氡-219更是以秒计算。同时它们还是气态的，无孔不入，这意味着人体很容易吸入氡而造成"内照射"，正好是α射线最能发威的环境。更危险的是，氡一步步衰变形成的钋-218、铅-214、铋-214、钋-210等，都不是省油的灯——不仅能大量放出α射线，还伴有不少穿透力最强的γ射线，而且这些衰变产物都是固体。因此，气态的氡被吸入肺部以后，一部分就转化成固态的放射性物质沉积在呼吸道和肺部了，对人体造成持续内照射。据维基百科英文网资料，内照射时，原本连一张纸都穿不透的α射线威力大增，给人体带来的有效辐射剂量相当于等量γ射线或X射线的20倍。所以需要采取防护措施才能进入开采。

核电站中使用的核燃料是铀-235，不是铀-238。但在天然矿石中铀的3种同位素共生，其中铀-235的含量非常低，只有约0.7%。只有把其他同位素分离出去，不断提高铀-235的浓度，这一加工过程称为铀浓缩。

根据国际原子能机构的定义，丰度为3%的铀-235为核电站发电用低浓缩铀，浓度大于80%的铀为高浓缩铀，其中丰度大于90%的称为武器级高浓缩铀，主要用于制造核武器。获得1kg武器级铀-235需要200t铀矿石，这跟沙里淘金没有区别。

　　天然铀中几乎全是铀-238，要想把铀-235的浓度提高，这实在是太难了，因为它们属于同一种元素，而质量却只相差3个中子，它们的化学性质几乎都是一样的！怎么分离？

　　为了获得高加浓度的铀-235，科学家们曾用多种方法来攻此难关，最后"气体扩散法"终于获得了成功。

　　气体扩散法的原理是先把天然铀制成六氟化铀（六氟化铀分子结构如图3-64）。六氟化铀中的"铀"，既可能是铀-238，也可能是铀-235，但现在已经清楚，99%的可能是铀238。制成六氟化铀后，接着把六氟化铀加热使它变成气体，然后在这些气体中把铀-235分离出来。怎么做？

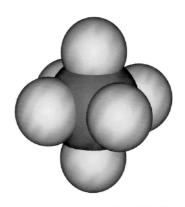

图3-64　六氟化铀分子结构图

　　我们知道，铀-235原子约比铀-238原子轻1.3%，所以，如果让这两种原子处于气体状态，铀-235原子就会比铀-238原子运动得稍快一点，这两种原子就可稍稍得到分离。气体扩散法所依据的，就是铀235-原子和铀238-原子之间这一微小的质量差异。这种方法首先要求将铀转变为气体化合物，到目前为止，六氟化铀是唯一合适的一种气体化合物。这种化合物在常温常压下是固体，但很容易挥发，在56.4℃即升华成气体。铀-235的六氟化铀分子与铀-238的六氟化铀分子相比，两者质量相差不到百分之一，但事实证明，这个差异已足以使它们分离了。六氟化铀气体在加压下被迫通过一个多孔隔膜。含有铀-235的分子通过多孔隔膜稍快一点，所以每通过一个多孔隔膜，铀-235的含量就会稍增加一点，但是增加的程度十分微小。因此，要获得几乎纯的铀-235，就需要让六氟化铀气体数千次地通过多孔隔膜。

　　使用气体扩散法分离铀-235投资很高，效率很低，耗电量巨

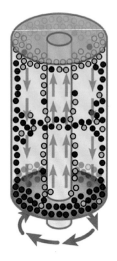

图3-65　离心机分离法示意图

大，厂房也很壮观。虽然如此，这种方法仍是实现工业应用的唯一方法。

除了气体扩散法，还有离心机分离法，它的原理跟气体扩散法一样，依然还是根据铀-238比铀-235重那么一点儿来进行的。离心机分离法见图3-65，深蓝色的颗粒代表含有铀-238的六氟化铀，浅蓝色的代表铀-235。

把六氟化铀放入离心机中，在每分钟高达4万至6万转中，铀-235因为较铀-238轻，含有铀-235的六氟化铀处在离心机的转轴附近，而离转轴稍微远一些的则是含有铀-238的六氟化铀。离心机分离法需要的电力只有气体扩散法的十分之一左右，效率也要高得多。

为了寻找更好的铀同位素分离方法，许多国家做了大量的研究工作，已取得了一定的成绩。例如离心法已向工业生产过渡，喷嘴法等已处于中间工厂试验阶段，而新兴的冠醚化学分离法和激光分离法等则更有吸引力。可以相信，今后一定会有更多更好的分离铀同位素的方法付诸实用。

第五章

地 热 能

70.地底下真有热能吗？

地球是一颗内心炽热、表面温暖的星球。地球由一个物质分布不均匀的同心球层构成，包括地壳、地幔和地核（图3-66）。地壳厚度不一，平均厚度约17km。上层为花岗岩层，下层为玄武岩层。

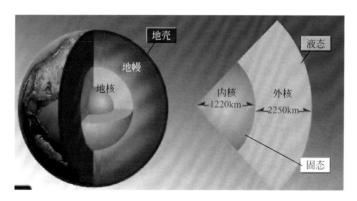

图3-66　地球的构成

地球的内部是一个高温高压的世界，是一个巨大的"热库"，蕴藏着无比巨大的热能。地球内部蕴藏的热量有多大呢？假定地球的平均温度为2000℃，地球的质量为$6×10^{24}$kg，地球内部的比热容为1.045J/（g·℃），那么整个地球内部的热含量大约为

1.25×10³¹J。即便是在地球表层10km厚这样薄薄的一层，所贮存的热量就有1×10²⁵J。地球通过火山爆发、间歇喷泉和温泉等途径，源源不断地把它内部的热能通过传导、对流和辐射的方式传到地面上来。

地热的分布是很有规律的。从地表向地球内部，温度逐渐上升。在地壳层最上部的十几千米范围内，深度每增加30m，地热的温度大约升高1℃；在地下15～25km的范围内，深度每增100m，地热的温度大约升高1.5℃；到了25km以下的区域，深度每增加100m，地热的温度大约只升高0.8℃；从这个区域再往下深入到一定深度，其温度就基本上保持不变了。在距地面25～50km的地球深处，温度为200～1000℃；到了地球中心处（距地球表面6370km），其温度可高达4500℃左右。地球内部推测温度分布曲线如图3-67。

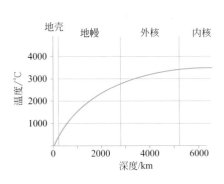

图3-67 地球内部推测温度分布曲线

地球通过火山爆发、间歇喷泉和温泉等途径，源源不断地把它内部的热能通过传导、对流和辐射的方式传到地面上来。如火山喷发出的熔岩温度高达1200～1300℃，天然温泉的温度大多在60℃以上，有的高达100～140℃。

据估计，全世界地热资源的总量大约为14.5×10²⁵J，相当于4948×10¹²t标准煤燃烧时所放出的热量。据测算，地球内部的总热能量，约为全球煤炭储量的1.7亿倍。每年从地球内部经地表散失的热量，相当于1000亿桶石油燃烧产生的热量。全球地热潜在资源，主要分布在环太平洋地热带、地中海-喜马拉雅地热带、大西洋中脊地热带、红海-亚丁湾-东非裂谷地热带。

世界上有许多著名的地热田，如美国的盖瑟尔斯、长谷、罗斯福；墨西哥的塞罗、普列托；新西兰的怀腊开；中国台湾的马槽；日本的松川、大岳；意大利的拉德瑞罗地热田；中国的西藏羊八井及云南腾冲地热田等。

　　地球上的地热资源不仅储量大，且具有可再生性、清洁低碳、安全可靠等优点。地热能已存在45亿年，在数亿年之后仍将存在，无论天气好坏，不分昼夜，永生永世永不停息。较传统化石能源（煤炭、石油）具有更好的环境友好性，能源利用系数高（72%），排放小，清洁低碳。相对于核能及核反应产生的核废料来说，地热能更加安全；相对于依赖天气环境的风能和太阳能，地热能更加可靠。因此，地热能资源备受全世界的关注，在很多国家都得到了广泛的应用。

71. 地热资源类型与应用形式有哪些？

　　地热资源按储热体属性可将地热资源分为水热型地热资源（储存于水中，以热水的形式存在）和干热岩型地热资源（储存于4000～10000m岩石中，以热能的形式存在）。水热型地热资源的形成见图3-68。

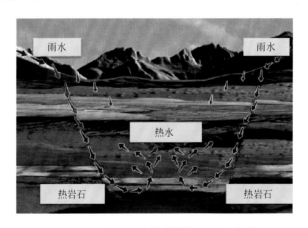

图3-68　水热型地热资源的形成示意图

按热流体温度水热型地热资源可分为高温、中温和低温3类。温度大于150℃的地热以蒸汽形式存在，叫高温地热；90～150℃的地热以水和蒸汽的混合物等形式存在，叫中温地热；温度大于25℃、小于90℃的地热以温水（25～40℃）、温热水（40～60℃）、热水（60～90℃）等形式存在，叫低温地热。中低温地热资源主要被直接用于温室大棚、洗浴、烘干、建筑供暖等；高温地热资源主要用于发电。地热资源温度分级见表3-2。

表3-2 地热资源温度分级表

温度分级	温度 t 界限 /℃	主要用途
高温地热资源	$t \geqslant 150$	发电、烘干
中温地热资源	$90 \leqslant t < 150$	工业利用、烘干、发电
低温地热资源为热水	$60 \leqslant t < 90$	采暖、工艺流程
低温地热资源为温热水	$40 \leqslant t < 60$	医疗、养殖、土壤加温
低温地热资源为温水	$25 \leqslant t < 40$	农业灌溉、养殖、土壤加温

注：表中温度是指主要热储代表性温度。

高温地热一般存在于地质活动性强的全球板块的边界，即火山、地震、岩浆侵入多发地区，著名的冰岛地热田、新西兰地热田、日本地热田以及我国的西藏羊八井地热田、云南腾冲地热田、台湾大屯地热田都属于高温地热田。中低温地热田广泛分布在板块的内部，我国华北、京津地区的地热田多属于中低温地热田。

干热岩一般指温度大于150℃，埋深数千米，内部不存在流体或仅有少量地下流体的高温岩体。干热岩地热资源主要用于发电，目前在德国、日本等国家已经开展了试验项目。干热岩型地热资源的开发见示意图3-69。

现在许多国家为了提高地热利用率，而采用梯级开发（图3-70）和综合利用的办法，如热电联产联供、热电冷三联产、先供暖后养殖等。地热能用于"发电＋供暖＋工业应用＋现代农业"的梯级利用形式，可以最大限度地提高能效，大大降低碳排放总量。

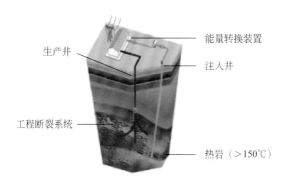

图 3-69　干热岩型地热资源的开发示意图

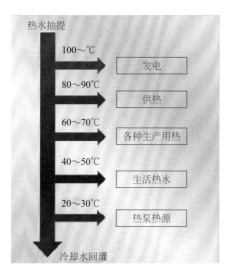

图 3-70　地热能的梯级利用

72. 地热能如何服务人类?

　　地热能资源储量大、分布广，具有清洁环保、用途广泛、稳定性好、可循环利用等特点。我国已故著名地质学家李四光说过：

"开发地热能，就像人类发现煤、石油可以燃烧一样，开辟了利用能源的新纪元。"

在我国，对地热资源进行利用具有悠久的历史。最具盛名的西安骊山温泉早在三千多年前就已经被我国先民开始利用。例如华清池，因杨贵妃沐浴而驰名中外。人类利用地热能的主要方式是通过对地热温泉进行利用、通过地热存在的较高温度进行发电以及直接对中低温度的地热水进行利用。例如温泉沐浴、医疗，利用地下热水取暖、建造农作物温室及烘干谷物等。

人类真正认识地热资源并进行较大规模的正式开发利用开始于20世纪。意大利于1904年最先建成了一座500kW的地热发电站。随后，一些欧美国家也陆续建成了地热发电站，1970年12月，我国在广东丰顺建成了第一座地热发电站。目前世界上最大的地热发电站是美国建造的，其装机容量达6.0×10^5kW。地热发电和火力发电的原理差不多，主要是利用热源产生高温蒸汽来推动汽轮机旋转，然后带动发电机发电（图3-71）。它们所不一样的是，地热发电不像火力发电那样要装备庞大的锅炉，也不需要消耗燃料，所用的能源就是地热能和由地热加温的蒸汽。而且，地热发电不需要消耗其他能源，也不会产生污染，因此是一种清洁能源。

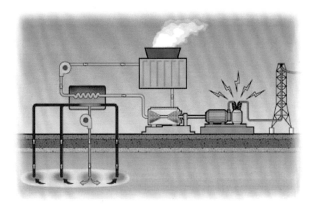

图 3-71　地热发电原理示意图

冰岛靠近北极圈，几乎整个国家都位于火山岩上，而冰川又占了国土面积的近1/8，所以被称为"冰火之国"。冰岛地处亚欧板块和美洲板块交界处，活跃的地壳活动，复杂的地貌造就了冰岛是世界上地热资源最丰富的国家。冰岛国土面积约10万平方公里，人口约30万，如果按照人均使用量计算，冰岛的地热利用是真正的世界第一。

从20世纪60年代开始，冰岛就致力于地热发电。如今地热发电已满足了冰岛25%的电力需求，仅次于水力发电。目前冰岛所有电力都来自水电、地热发电等清洁能源，同时该国还建起了完整的地热利用体系，所有供暖系统都使用地热。

冰岛最大的地热发电站奈斯亚威里尔地热发电站位于奈斯亚威里尔地区。该地区距首都雷克雅未克市约30km，是冰岛地热能源最多的地区之一。该电站共有20眼地热井，井深为1100～2000m，地下水温最高可达380℃，集发电与供暖于一体，目前有两台发电机组，总装机容量为6×10^4kW（图3-72）。

图3-72 冰岛奈斯亚威里尔地热发电站

冰岛被视为全球地热开发的楷模，地热在冰岛的一次能源消费中所占比例已过半。首都雷克雅未克的路灯通宵不熄，电力来自附近的地热电站。正是源源不尽的地热，成就了冰岛"电力富翁"的形象。

如果地热水或蒸汽温度不够高时，还能不能用来发电呢？中低温双循环系统发电技术为这种状况的地热发电提供了实际可能。它的原理是把温度不很高的地热水用来加热一种低沸点的工作介质，使其汽化，再通过这种汽化的介质来推动汽轮机发电。1970年，中国科学院在广东省丰顺县汤坑镇邓屋村建起了我国第一座发电量60kW的地热试验发电站，采用的就是这种方式。

在地下数千米处，大多有一层称为干热岩的地层。顾名思义，"干热岩"就是又干又热的岩层。可是，怎么把其中的地热能"取"出来呢？科技工作者设计了这样的方法：在地下钻两个深井，向其中一个灌水加压，使水渗入高温的岩缝中，水被加热后变成局温热水或蒸汽，再通过另一个深井抽回，用来推动汽轮机发电。

地热能是一种新的洁净能源，在当今人们的环保意识日渐增强和能源日趋紧缺的情况下，对地热资源的合理开发利用已愈来愈受到人们的青睐。地热资源是地球奉献给人类的又一个能量宝库，将有不可估量的前途。

73. 中国最大的地热能发电站——羊八井地热电站

羊八井地热田位于拉萨市西北当雄县境内，距拉萨市区约90km，海拔4300m，是我国正在开发的最大湿蒸汽田。羊八井地热田地下深200m，地热蒸汽温度高达172℃。

羊八井地热发电站是我国第一个投入使用的地热电站，也是最大的地热能发电站，为羊八井地热开发利用掀开了新的一页。1975年，自治区工业局组织试验组，在羊八井地热田安装1台自行研制的50kW发电机组试发电成功。1977年经国家科委立项建设羊八井1000kW机组。至1992年羊八井共装机组9台，总容量25180kW。西藏地热工程处、开发公司会同全国80余个单位10多个科研院所，联合攻关羊八井地热发电技术研究，基本解决了羊八井地热资源利用中的结垢、腐蚀、热力系统设计、汽轮发电机及附机研制、电站运行规程和环境保护等一系列中、低温地热资源开发利用技术难题，羊八井电站的成功开发标志着我国的地热利用达到了世界领先水平（图3-73）。

图3-73 羊八井地热电站

羊八井地热电站从1977年9月第1台1MW试验机组试运行成功，1991年9号机并网发电，历时14年，总装机容量（8×3000+1×1000）kW，年发电量$1.1×10^8$ kW·h，累计发电量$1.2×10^9$ kW·h，为缓解拉萨市电力紧缺，促进经济发展做出了重大贡献。

由于羊八井电站的独特地热景观和居于世界领先地位的科学水平，加上毗邻拉萨市区，近年来羊八井地热电站逐渐成为人们向往的工业旅游景区。拉萨城市居民及附近地区居民到羊八井洗温泉、观喷泉、观地热发电的络绎不绝，也是拉萨城市居民双休日的好去处；外地游客绝大多数也将羊八井列入到西藏旅游必选地点，此外羊八井电站也是国内外友人认识西藏、了解西藏的必观地点。

第六章

海 洋 能

74. 神奇海洋的超能量

在浩瀚的大海，不仅蕴藏着丰富的传统矿产资源，更有真正意义上取之不尽、用之不竭的海洋能源。海洋能源有自己独特的方式与形态，如用潮汐、波浪、海流、温度差、盐度差等方式表达的动能、势能、热能、物理化学能等能源，这种再生性能源，永远不会枯竭，也不会造成任何污染，将是人类今后重点探索的能源领域之一。

海洋能通常包括潮汐能、波浪能、海洋温差能、海洋盐差能和海流能等。其中波浪能、潮汐能、海流能是机械能；海水的温差能和浓度差能则是热能和化学能。根据联合国教科文组织的统计数据，这5种海洋能的总量为$7.66×10^{10}kW$，相当于25万个秦山核电站的发电功率。由于海洋能源是一种可再生的绿色能源，所以海洋科学家、能源学家和环保专家都对开发海洋能源有强烈的兴趣。

汹涌澎湃的大海，在太阳和月亮的引潮力作用下，时而潮高百丈，时而悄然退去，留下一片沙滩。海洋这样起伏运动，夜以继日，年复一年，是那样有规律、那样有节奏，好像人在呼吸。海水的这种有规律的涨落现象就是潮汐（图3-74）。海洋的潮汐中蕴藏着巨大的能量——潮汐能。在涨潮的过程中，汹涌而来的海水具有很大的动能，而随着海水水位的升高，就把海水的巨大动能转换为势能，在落潮的过程中，海水奔腾而去，水位逐渐降低，势能又转换为动能。

图 3-74 潮汐

　　虽然地球上各处的海洋都有潮汐，但各海域的地理条件不同，平潮和停潮的水位差异（叫潮差）也不同。世界著名的大潮区是英吉利海峡，那里最高潮差为14.6m，大西洋沿岸的潮差也达4～7.4m。我国的杭州湾的"钱塘潮"的潮差达9m。每年农历八月十八日前后，钱塘江口的海宁潮则是天下奇观，成了重要的旅游资源。另外，英国的泰晤士河口、巴西的亚马逊河口、孟加拉的恒河口都是潮差较大的海域。潮差越大，所蕴藏的潮汐能量越大。

　　波浪能是指海洋表面波浪所具有的动能和势能。海洋中很少有风平浪静的时候，波浪能是由风把能量传递给海洋而产生的，它实质上是吸收了风能而形成的。海浪有惊人的力量，5m高的海浪，1m^{2}压力就有10t。大浪能把13t重的岩石抛至20m高处，能翻转1700t重的岩石，甚至能把上万吨的巨轮推上岸去。海浪蕴藏的总能量是大得惊人的。据估计地球上海浪中蕴藏着的能量相当于9.0×10^{13} kW·h的电能。波浪发电是波浪能利用的主要方式，利用波浪能发电有多种形式，有的利用波的上下波动，有的利用波的横向运动，有的利用由波产生的水中压力变化等等。此外，波浪能还可以用于抽水、供热、海水淡化以及制氢等。受到技术的限制，目前可供利用的波浪能资源仅局限于靠近海岸线的地方。

　　海洋是一个巨大的"储热库"，能吸收大量的太阳能，海洋的体积如此之大，所以海水容纳的热量是巨大的。阳光照射到海面上，随着海水深度的增加，透过的阳光却在减少，海水的温度也会随着海洋深度的增加而降低，这是因为太阳光无法透射到400m以下的海水，海洋表层的海水与500m深处的海水温度差可达20℃以上。海洋表面和海洋深处的海水的温度相差很大，这种温度差中蕴藏的能量叫"温差能"。

海水里面由于溶解了不少矿物盐而有一种苦咸味，这给在海上生活的人用水带来一定困难。然而，这种苦咸的海水大有用处，可用来发电，是一种能量巨大的海洋资源。在大江大河的入海口，即江河水与海水相交融的地方，江河水是淡水，海水是咸水，淡水和咸水就会自发地扩散、混合，直到两者含盐浓度相等为止。在混合过程中，还将放出相当多的能量。这就是说，海水和淡水混合时，含盐浓度高的海水以较大的渗透压力向淡水扩散，而淡水也在向海水扩散，不过渗透压力小。这种渗透压力差所产生的能量，称为海水盐浓度差能，或者叫做海水盐差能。

科学研究证明，两种含盐量不同的海水在同一容器中，会由于盐类离子的扩散而产生化学电位差能。同时，利用一定的转换方式，可以使这种化学电位差能转换成为电能。盐浓度差能发电原理实际上是利用浓溶液扩散到稀溶液中释放出的能量，将不同盐浓度海水之间的化学电位差能转换成水的势能，再驱动水轮机发电。

由于海水盐差能的蕴藏量十分巨大，世界上许多国家如美国、日本、瑞典等，都在积极开展这方面的研究和开发利用工作。我国也很重视海水盐差能的开发利用。但相比其他海洋能而言，对盐差能这种新能源的利用还处于实验室研究阶段，离示范应用还有较长的路要走。

在波涛汹涌的海洋中，连海面下的海水也不平静，这些海水常年流动，其中蕴藏着不少能量。海流也是一种可持续利用的未来清洁能源，由于海流遍布大洋各处，纵横交错，川流不息，所以它们蕴藏的能量也是可观的。利用海流发电比陆地上的河流优越得多，既不受洪水的威胁，又不受枯水季节的影响，几乎以常年不变的水量和一定的流速流动，完全可成为人类可靠的能源。

海洋能来源于太阳辐射能与天体间的万有引力，只要太阳、月球等天体与地球共存，这种能源就会再生，就会取之不尽，用之不竭。21世纪，人类开始大规模开发利用海洋，海洋能是人类将来要研究和开发的领域。

75. 什么是潮汐发电?

潮汐发电就是利用潮汐能的一种重要方式，潮汐发电与水力发电的原理相似。在海湾或河口建造一座有拦水堤坝的水库，涨潮时将涌来的海水储存在水库内，落潮时放出海水，利用高低潮的落差把海水的巨大势能转化为动能，用来推动水轮机，从而带动发电机发电。也可以建设两个相邻的水库，水轮发电机组放在两个水库之间，一个水库负责涨潮时进水，另一个水库只负责落潮时放水，这样就可以使发电站全天发电。

潮汐电站有单库单向电站、单库双向电站及双库双向电站3种类型。

（1）单水库单程式潮汐电站

即只用一个水库，仅在涨潮（或落潮）时发电，因此又称为单水库单程式潮汐电站（图3-75）。我国浙江省温岭市沙山潮汐电站就是这种类型。

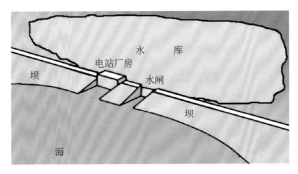

图3-75　单水库单程式潮汐电站

（2）潮汐发电单库双向电站

用一个水库，但是涨潮与落潮时均可发电，只是在水库内外水位相同的平潮时不能发电，这种电站称之为单水库双程式潮汐电站，大大提高了潮汐能的利用率。广东省东莞市的镇口潮汐电站及浙江省温岭市江厦潮汐电站就是这种类型。

（3）潮汐发电双库双向电站

为了使潮汐电站能够全日连续发电就必须采用双水库的潮汐电站。它是用两个相邻的水库，一个水库在涨潮时进水，另一个水库在落潮时放水，这样前一个水库的水位总比后一个水库的水位高，故前者称为上水库（高水位库），后者称为下水库（低水位库）。水轮发电机组放在两水库之间的隔坝内，两水库始终保持着水位差，故可以全天发电。

20世纪初，欧、美一些国家开始研究潮汐发电。法国在布列塔尼省建成了世界上第一座大型潮汐发电站，电站规模宏大，大坝全长750m，坝顶是公路。平均潮差8.5m，最大潮差13.5m。每年发电量为5.44×10^8 kW·h。1968年，苏联在其北方摩尔曼斯克附近的基斯拉雅湾建成了一座800kW的试验潮汐电站。1980年5月，中国第一座双向潮汐电站——江厦潮汐电站（图3-76）投产发电。该电站位于浙江省温岭市乐清湾北端江厦港，是中国装机容量最大的潮汐电站，总装机容量为3 200 kW，年发电量6×10^6 kW·h。江厦潮汐试验电站在建设和生产中，完成了许多科学实验课题。实践证明它具有不用移民，无一次能源消耗，无洪水威胁，不影响生态平衡和环境污染等优越性。

目前，潮汐能发电技术逐渐成熟，但由于潮汐能发电的成本较高，世界各国都尚未大规模开发潮汐电站。只有降低潮汐发电成本，潮汐发电才能大规模商业应用，这需要科技工作者的不懈努力。

图 3-76　江厦潮汐电站

76. 利用海水温差可以发电吗?

　　海洋表层吸收和储存了大量太阳辐射的热能,而海水的温度随着海洋深度的增加而降低。海洋中上下层水温度的差异,蕴藏着一定的能量,叫作海水温差能,或称海洋热能。利用海水温差能可以发电,这种发电方式叫海水温差发电。

　　1881年法国医生、物理学家达松伐耳(Jacques Arsène d'Arsonval,1851—1940年)首先提出海水温差能开发利用设想。后来,科学家设计并建造了一些海水温差发电站,1930年法国克劳德(George Claude,1870—1960年)在古巴坦萨斯湾建成第一座开式朗肯循环海水温差能发电试验装置,输出功率22kW。1979年美国在夏威夷近海建成世界上第一座闭式循环海水温差能发电试验船,输出功率50kW;1990年日本在和泊镇建成世界上最大的实用型海洋热能发电站,输出功率1000kW。但限于技术条件和成本,该技术一直没有得到有效的推广。随着全球变暖,人们对可再生能源的需求愈加迫切,海水温差发电重新受到重视,许多国家都在进行海水温差发电研究。

海洋温差发电的原理是利用海水的浅层与深层的温差及其温、冷不同热源，经过热交换器及涡轮机来发电。现有海洋温差发电系统中，热能的来源即是海洋表面的温海水，发电的方法基本上有两种：一种是利用温海水，将封闭的循环系统中的低沸点工作流体蒸发；另一种则是温海水本身在真空室内沸腾。两种方法均产生蒸气，由蒸气再去推动涡轮机，即可发电。发电后的蒸气可用温度很低的冷海水冷却，将之变回流体，构成一个循环（图3-77）。人们预计，利用海洋温差发电，如果能在一个世纪内实现，可成为新能源开发的新出发点。

图3-77 海水温差发电示意图

用海水温差发电，还可以得到副产品——淡水，所以说它还具有海水淡化功能。一座1×10^5kW的海水温差发电站，每天可产生378m^{3}的淡水，可以用来解决工业用水和饮用水的需要。另外，由于电站抽取的深层冷海水中含有丰富的营养盐类，因而发电站周围就会成为浮游生物和鱼类群集的场所，可以增加近海捕鱼量。

第七章

可 燃 冰

‹‹‹‹‹

77. 你听说过可以燃烧的"冰"吗？

我们通常所说的冰，实际上就是水的固体形式。20世纪60年代，在进行深海钻探时，技术人员从海底钻取岩芯，第一次在岩芯中见到一些白色或浅灰色形似冰块的结晶物质。当时，他们完全不知道这些貌似冰块的物质是什么。结果发现，这些冰块在空气中很快就"化"了，还不断冒出气泡，最终在岩芯中成为一摊泥水。令人惊奇的是，这些气泡里的气体竟然能被点燃（图3-78）。于是，这种来自海底的冰状晶体就有了"可燃冰"这个很特殊的名字。

图3-78 可燃冰燃烧

可燃冰为什么会燃烧？可燃冰学名叫作"天然气水合物"，也被人称作"固体甲烷"，是甲烷为主的有机分子被水分子包裹而成。可燃冰既含水又呈固体，看起来像冰，很容易被点燃。可燃冰的组成方式，就好像甲烷分子被多个水分子"囚禁"住，形成一种笼子形状的结构，其中甲烷的成分占到了80%～99.9%。

从化学组成上说，"可燃冰"主要由烃类气体（主要是甲烷）与水分子组成的类似冰的、非化学计量的笼形结晶化合物，又称笼形包合物（clathrate）。其组成可用$mCH_4 \cdot nH_2O$来表示，m代表水合物中的气体分子，n为水合指数（也就是水分子数）。从微观上看其分子结构就像一个一个"笼子"，由若干水分子组成一个笼子，每个笼子的核心是燃气分子。其中燃气分子绝大多数是甲烷，所以天然气水合物也称为甲烷水合物、甲烷冰。天然气水合物分子结构示意见图3-79。

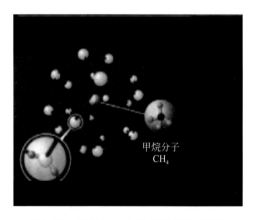

图3-79 天然气水合物分子结构示意图

科学家发现，"可燃冰"是一种新的矿产资源，"可燃冰"主要分布于世界三大洋近海海底和大陆永久冻土带以及内陆湖海中。在全球各大洋贮存于主动和被动陆缘（大陆）与半岛的陆坡及陆隆的海底沉积层中，分布比较广泛。一般水深大于300m，最深可达2000m，在赤道水深300m的海底水温约0℃，天然气水合物存在于海床至海床下1100m的海底沉积物中。在极地和高纬度冻土带的岩层中，"可燃冰"存在深度为150～2000m。海洋"可燃冰"资源量占全球总量的90%以上，陆上仅占10%左右。"冰块"有极强的燃烧力，可直接点燃，燃烧后几乎不产生任何残渣，污染比煤炭、石油、天然气都要小得多。1m³可燃冰可转化为164m³的天然气和0.8m³的水。开采时只需将固体的"天然气水合物"升温减压就可释放出大量的甲烷气体。科学家们如获至宝，把可燃冰称作"属于未来的能源"，是今后替代石油、煤炭等传统能源的选择之一。

78. "可燃冰"是如何形成的？

目前人类已探明的可燃冰主要分布在海底和永久冻土带，形成可燃冰必须满足3个基本条件，即原材料、温度和压力。首先，要有一定数量的天然气这一原材料。其次，必须是低温条件，可燃冰在0～10℃时生成，超过20℃就会分解，变得"烟消云散"。因此，无论是在海底还是陆域的永久冻土带都要满足这一条件。最后，必须要在高压条件下才能生成。在0℃时，需要3MPa的压力才可以生成可燃冰。

在原材料、温度、压力三者都具备的条件下，可燃冰晶体就生成了。除了海底，科学家在大陆的永久冻土带也发现了可燃冰。我国是世界上第一个在中高纬度高原冻土带钻获可燃冰实物样品的国家。

目前，世界上已发现的海底天然气水合物主要分布区有大西洋海域的墨西哥湾、加勒比海、南美洲东部陆缘、非洲西部陆缘和美国东岸外的布莱克海台等，西太平洋海域的白令海、鄂霍茨克海、日本海、苏拉威西海和新西兰北部海域等。陆上寒冷永久冻土中的天然气水合物主要分布在西伯利亚、阿拉斯加和加拿大的北极圈内。

天然气水合物资源丰富，科学家估计，海底可燃冰分布的范围约占海洋总面积的10%，相当于$4×10^7 km^2$，是迄今为止海底最具价值的矿产资源，足够人类使用1000年。因此有专家乐观地估计，当全球化石能源枯竭殆尽，天然气水合物将成为新的替代能源之一。

79.人类如何开采"可燃冰"?

由于可燃冰在常温常压下不稳定，世界各国对可燃冰的开采仍处于研究试验阶段，还没有成熟完美的开采技术，但有3种开采设想方案，即热解法、减压开采法和二氧化碳置换法。

（1）热解法

利用可燃冰在温度升高时会自动分解的特性，通过加温方式向可燃冰层注入热能，使其由固态分解出甲烷气体。这种开采方式基本上已获得成功，但整个开采过程要对甲烷进行两次分离，还要消耗大量能源来加热温水。

（2）减压开采法

减压开采法是一种通过降低压力促使天然气水合物分解的开采方法。减压途径主要有两种：① 采用低密度泥浆钻井达到减压目的；② 当天然气水合物层下方存在游离气或其他流体时，通过泵出天然气水合物层下方的游离气或其他流体来降低天然气水合物层的压力。减压开采法不需要连续激发，成本较低，适合大面积开采，尤其适用于存在下方游离气层的天然气水合物藏的开采，是天然气水合物传统开采方法中最有前景的一种技术。但它对天然气水合物藏的性质有特殊的要求，只有当天然气水合物藏位于温压平衡边界附近时，减压开采法才具有经济可行性。

（3）二氧化碳置换法

研究已证实，将 CO_2 液化（实现起来很容易），注入1500m以下的洋面（不一定非要到海底），就会生成二氧化碳水合物，它的相对密度比海水大，于是就会沉入海底。如果将 CO_2 注射入海底的甲烷水合物储层，因 CO_2 较之甲烷易于形成水合物，因而就可能将甲烷水合物中的甲烷分子"挤走",从而将其置换出来。

原理：$CH_4 \cdot nH_2O + CO_2 \Longrightarrow O_2 \cdot nH_2O + CH_4$

这种方法对甲烷气体难以进行有效的收集,布设收集管道是个难题。

目前,全球天然气水合物研发活跃的国家和地区有三十多个,主要有中国、美国、日本、加拿大、韩国和印度等,各国竞相投入巨资开展天然气水合物试采,竞争异常激烈。其中,美国、加拿大在陆地上进行过试采,但效果不理想。

中国的"可燃冰"调查和勘探开发取得重大突破。中国地质调查局组织实施天然气水合物基础调查,通过系统的地质、地球物理、地球化学和生物等综合调查评价,初步圈定了我国天然气水合物资源远景区。2007年在南海北部首次钻探获得实物样品,2009年在陆域永久冻土区祁连山钻探获得实物样品,随后于2013年在南海北部陆坡再次钻探获得新类型的水合物实物样品,发现高饱和度水合物层,同年在陆域祁连山冻土区再次钻探获得水合物实物样品,并通过钻探获得可观的控制储量。2014年2月1日,南海天然气水合物富集规律与开采基础研究通过验收,建立起中国南海"可燃冰"基础研究系统理论。2017年5月,中国首次海域天然气水合物(可燃冰)试采成功。2017年11月3日,国务院正式批准将天然气水合物列为新矿种,成为国家第173个矿种。

中国地质调查局于1999年开始天然气水合物调查,在南海西沙海槽首次发现了天然气水合物存在的地球物理标志;2007年,在南海神狐海域首次钻获天然气水合物实物样品;2013年,在南海北部获得了多类型的天然气水合物样品;2015年和2016年在南海神狐海域再次获得发现。2017年5月我国在位于广东珠海市东南320km的南海成功实施了海域天然气水合物首次试采(图3-80),创造了产气时长和总量的世界纪录。专家预计,基于中国可燃冰调查研究和技术储备的现状,预计我国在2030年左右有望实现可燃冰的商业化开采。

图3-80　中国南海可燃冰试采成功

80.人类为什么没有大规模开采"可燃冰"?

　　"可燃冰"被发现后,虽然加拿大、美国、中国等多个国家对"可燃冰"进行试开采,但只有麦索亚哈气田是第一个也是迄今为止唯一一个对天然气水合物藏进行了商业性开采的气田。麦索亚哈气田发现于20世纪60年代末,该气田位于苏联西西伯利亚西北部,气田区常年冻土层厚度大于500m,具有天然气水合物贮存的有利条件。麦索亚哈气田为常规气田,气田中的天然气透过盖层发生运移,在有利的环境条件下,在气田上方形成了天然气水合物层。该气田的天然气水合物藏首先是经由减压途径无意中得以开采的。通过开采天然气水合物藏之下的常规天然气,致使天然气水合物层压力降低,天然气水合物发生分解。后来,为了促使天然气水合物的进一步分解,维持产气量,特意向天然气水合物藏中注入了甲醇和氯化钙等化学抑制剂。

　　"可燃冰"作为清洁替代能源虽然前景无限,但由于可燃冰所处环境十分复杂,开采更是牵一发而动全身,潜在风险很多。商业开采面临的三大难题,分别是技术、成本及生态影响。

（1）目前还没有成熟可靠的开采技术

"可燃冰"是在高压同时低温的条件下形成的。一旦失压，或者温度升高，天然气水合物从固体状态变成天然气和水的状态时，体积变化比例是1∶164。这一突然变化的过程使空间体积瞬间增大，就会带来很大压力。海域"可燃冰"大多贮存于距海面900～1200m处，埋藏在海床0～300m的深度。甲烷在寒冷、黑暗的条件下，以冰一样的状态存在。在采样时，要改变它的物理状态，很容易就使其融化，因此对开采装置的要求非常高，大规模开采更加困难。

"可燃冰"开采的技术难点是如何保证井底稳定，使甲烷气不泄漏。尤其是海底开采，难度要比深海石油钻探大得多。

收集海水中的气体是十分困难的，尤其在深海。海底"可燃冰"属大面积分布，其分解出来的甲烷很难聚集在某一地区内收集，而且一离开海床便迅速分解，容易发生喷井意外。

此外，大部分海底"可燃冰"与泥沙混合在一起，如不能解决泥沙分离问题，开采难以保持连续。

（2）开采成本非常高

"可燃冰"的商业开采必须把成本降到目前天然气成本的水平，才有商业价值。美国能源部的公开资料显示，目前可燃冰开采成本平均高达200美元/m^3，即使按照$1m^3$可燃冰可转化$164m^3$的天然气来换算，其成本也在1美元/m^3以上，这远高于通过成熟技术开采常规天然气的成本。

（3）生态影响

开采"可燃冰"对环境的影响和地质灾害的发生尚不可控制。甲烷造成的温室效应比二氧化碳严重15～25倍，开发中处理不当容易导致甲烷大规模逸出，将使全球温室效应严重恶化。另外，陆缘海边的可燃冰开采起来十分困难，大量开采可燃冰可能对海底压力产生影响，引发海底滑坡甚至影响海底的生态环境，并且引发海啸等自然灾害。目前，对灾害的控制技术和防范仍是全球主攻的难题。由此可见，"可燃冰"作为未来能源的同时也是一种危险的能源，"可燃冰"的开发利用就像一柄"双刃剑"，需要加以小心对待。

因此，想要开采这种可燃冰，就必须要解决在开采的过程中有可能对自然环境造成的一系列影响。一是保证易燃的甲烷气不泄漏，以免增强温室效应；二是保证海底的稳定，不因溶矿采气造成海底结构的滑塌、滑坡。这也是世界上众多国家虽然垂涎可燃冰的资源，但却从未进行大规模的开采的原因之一。

可燃冰虽然是非常好的资源，但是人类真正要用好它还有很长的路要走。目前，科学家们正在研究如何合理开采"可燃冰"、采用何种方式开采"可燃冰"、开采方案设计、开采方法的优选等系列工作，以便合理、科学地开发和利用"可燃冰"，为人类造福。

第四篇

化学电源

化学电源又称电池，是一种能将蕴藏在物质中的化学能直接转变成电能的装置，它通过化学反应，消耗某种化学物质，输出电能。常见的电池大多是化学电源。当今世界，化学电源无处不在，是信息化社会不可或缺的驱动力：从高效环保的零排放纯电动汽车，到仅仅依靠阳光便能环绕地球飞行一周的无人机；从发射机理产生了划时代飞跃的电磁轨道炮，到潜航性能优异的新型常规潜艇……在军民融合的广阔领域，化学电源的地位和作用举足轻重。化学电源品种繁多，使用面广，本篇将重点介绍几种常用的化学电源及其应用。

81. 化学电源及其发展

1800年，意大利科学家伏打（Volta）将不同的金属与电解液接触做成Volta堆，被认为是人类历史上第一套电源装置（伏打电池）。这个电池由铜片和锌片交叠而成，中间隔以浸透盐水的毛呢。现在，凡是将两种不同金属放入同一种电解质溶液所形成的电池均称为伏打电池。直到现在，人们用的干电池就是经过改良后的伏打电池。

1860年，法国的普朗泰发明出用铅做电极的电池。这种电池的独特之处是能充电，可以反复使用，所以称它为"铅酸蓄电池"。

1901年，美国著名科学家爱迪生发明了碱性蓄电池，并逐步得到应用和投入生产。

电池虽然经历了两个世纪，然而在20世纪前几十年，电池理论和技术还处于停滞时期，直到20世纪50年代，家庭电器化特别是半导体收音机的出现才带动了干电池的发展。70年代计算机的出现，促进了电池的微型化。90年代随着移动电话的出现，以锂电池为代表的新型电池更加扩展了电池的应用领域。

随着人类社会进入21世纪，电池家族一改默默无闻只充当备用品的旧貌，从手机到照相机，从汽车到宇宙飞船，其应用与人们的生活休戚相关。

电动汽车与电子消费革命催生了电池技术性能的巨大飞跃。一方面是不消耗化石资源和零排放，另一方面是强功能和高能效，两大领域均展示出广阔前景，为电池科技迅猛发展迎来了崭新的春天。

纳米技术、生物技术和新材料技术等不断取得突破，同时也加速推动了电池领域的腾飞。纳米技术使得电池能够嵌入微芯片。如果有一只苍蝇在绕着你飞行，请当心，没准这正是某种纳米微型飞行器，是高性能电池赋予了它空中悬停与飞行的神奇动力。

生物技术使得电池更加绿色环保，使之源于自然而归于自然。太阳能电池就好比树叶，它们采集阳光，然后将其转化为能量。如今，太阳能电池已可以实现由植物制造。

此外，近年来燃料电池、锂硫电池、锂空气电池等新技术相继出现，使得电池性能更加卓越。随着航空航天事业的兴起，燃料电池也随之被重视起来并最终实用化，如美国的阿波罗11号登月飞船，使用的就是氢氧燃料电池。

化学能无处不在，继续开发新的可以利用的化学能，也是将来化学电源发展的一个重要方向。

82. 电池的种类有哪些？

电池的种类繁多，且各具特色（图4-1）。按照外形一般可分为圆柱体、方形、纽扣（扁形）形、层叠形等。

按工作性质和贮存方式划分可分为一次电池、二次电池（蓄电池）、燃料电池三大类。每一大类中根据电极材料、电解液和

图4-1　电池

隔膜等的差别分为许多种类。以下就每一大类分别列举出几种具有代表性的例子，对其原理和应用加以简介。

一次电池又称原电池或干电池，俗称"用完即弃"电池，因为它们的电量耗尽后，无法再充电使用，只能丢弃。市售一次电池有普通锌锰干电池、碱性锌锰干电池、银锌电池、锂电池等。

锌锰电池早在1882年就已经研制成功，其电池反应：(−) Zn｜NH$_4$Cl, ZnCl$_2$｜MnO$_2$, C（+）

负极为锌失去电子，采用NH$_4$Cl和ZnCl$_2$作为电解质，正极为MnO$_2$接受电子。电池结构见图4-2，以锌皮为外壳，中央是石墨棒，棒附近是细密的石墨粉和MnO$_2$的混合物，周围再装入用NH$_4$Cl溶液浸湿的ZnCl$_2$、NH$_4$Cl和淀粉调制成的糊状物，为了避免水的蒸发，外壳用蜡和沥青封固。

普通锌锰干电池的缺点是放电量小，放电过程中易气胀或漏液，且使用该反应生产电池的过程对环境存在污染，后来又开发出了相对环保、性能更加优越的碱性锌锰电池。

碱性锌锰干电池是普通干电池升级换代的高性能电池产品。与普通锌锰干电池相比，它的比能量和可储存时间均有提高。

其反应原理：(−)Zn｜KOH｜MnO$_2$(+)

锌银电池的构造见图4-3，电池正极是氧化银Ag$_2$O，负极是锌Zn，电极反应在碱性电解质中进行。

电池反应：Zn+Ag$_2$O+H$_2$O══

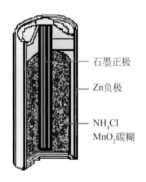

石墨正极

Zn负极

NH$_4$Cl MnO$_2$碳糊

图4-2 锌锰电池的构造

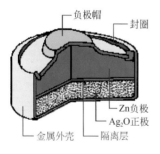

负极帽 封圈

Zn负极 Ag$_2$O正极

金属外壳 隔离层

图4-3 锌银电池的构造

2Ag+Zn(OH)$_2$

锌银电池的比能量大、电压稳定、储存时间长，适宜小电流连续放电，常制成纽扣式电池（图4-4），广泛用于电子手表、照相机、计算器和其他微型电子仪器。

二次电池即可充电电池，又称蓄电池，充放电能反复多次循环使用的电池。充电电池的充放电循环可达数千次到上万次，故其相对干电池而言更经济实用。目前市场上主要充电电池有镍氢电池、镍镉电池、铅酸电池（铅蓄电池）、锂离子电池等。

图4-4　锌银电池

铅蓄电池（图4-5）的电极是铅锑合金制成的叶状极片，分别填塞PbO$_2$和海绵状金属铅作为正极和负极，电极浸在ω(H$_2$SO$_4$)=0.30的硫酸溶液（相对密度d=1.2）中。其放电时工作原理为：

(−)Pb│H$_2$SO$_4$│PbO$_2$(+)

铅蓄电池电压稳定，使用方便，安全可靠，价格低廉。因此在车船启动、电动

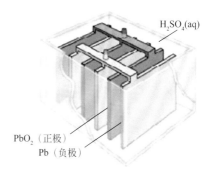

图4-5　铅蓄电池的构造

自行车、电动汽车等各个领域都得到了广泛应用。缺点是比能量低，十分笨重，同时生产过程中使用了铅，会对环境造成污染。

燃料电池又称连续电池，是一种连续地将燃料和氧化剂的化学能直接转化成电能的装置。从理论上来讲，只要连续供给燃料，燃料电池便能连续发电，被誉为是继水力、火力、核电之后的第四代发电技术。

83. 锂：能源界的小个子大明星

　　手机里的电池一般都是锂电池。那么，什么是锂呢？锂能做些什么呢？

　　锂（Li），原子序数3，原子量6.941，是一种银白色的金属元素，质软，是密度最小的金属。锂元素名来源于希腊文，原意是"石头"。1817年由瑞典科学家阿弗韦聪在分析透锂长石矿时发现。自然界中主要的锂矿物为锂辉石、锂云母、透锂长石和磷铝石等。锂可用于原子反应堆、制轻合金及电池等。

　　锂是可燃的金属，1g锂和氧气发生反应时，会释放43.18kJ的热量，比铝的足足多了1.72倍。不过，这个现象也只能表明锂是一种"高能金属"。

　　锂被人们称为"能源之星"，多半是因为它在原子能领域中的优秀表现。科学家经过多次研究发现，当一个中子击中锂的同位素的一个原子后，会发生裂变反应，变成一个氚原子和一个氦原子。而我们可以从自然界中众多含锂的矿物中冶炼得到锂，因此核聚变反应的物质基础就形成了。另外，在天空中实现"瞬间辉煌"的氢弹也是以氚化锂作为燃料的。目前，受控核聚变仍有大量的困难无法解决，离实际应用还有很长的一段路要走。

　　在日常生活中，锂的衍生品——锂电池为人们的生活提供了强有力的能源支持。按照字面意思理解，锂电池就是指含有锂的电池。锂系电池分为锂电池和锂离子电池两类。手机和笔记本电脑使用的都是锂离子电池，通常人们俗称其为锂电池。锂电池一般采用含有锂元素的材料作为电极，是现代高性能电池的代表。在心脏起搏器等设备中，需要使用一种体积小、能量高、一次使用寿命长的电池。作为一种高能化学电池，锂电池正好满足了这些要求。而真正的锂电池由于危险性大，很少应用于日常电子产品。

　　锂金属电池一般是使用二氧化锰为正极材料、金属锂或其合金金属为负极材料、使用非水电解质溶液的电池。

　　放电反应：$Li+MnO_2=LiMnO_2$

锂离子电池一般是使用锂合金金属氧化物为正极材料、石墨为负极材料、使用非水电解质的电池。充电时正极的化合物释放出锂离子嵌入负极分子排列呈片层结构的碳中，放电时锂离子则从片层结构的碳中析出。

充电正极上发生的反应为：$LiCoO_2 \!=\!= Li_{(1-x)}CoO_2 + xLi^+ + xe^-$（电子）

充电负极上发生的反应为：$6C + xLi^+ + xe^- = Li_xC_6$

充电电池总反应：$LiCoO_2 + 6C = Li_{(1-x)}CoO_2 + Li_xC_6$

和其他种类的可充电电池相比，锂离子电池重量轻、体积小、工作电压高、寿命长、自放电率低、充放电快，成为许多电子产品的首选。另外，锂离子电池没有记忆效应，在充电前不必考虑电池中的电是否用完，可随时充电。这种可以反复充电的二次电池更能满足人们的需求，如手机、笔记本电脑、摄像机、数码相机。

在能源交通领域，锂电池同样发挥着重要的作用，现在马路上行驶的新能源汽车多是锂电池汽车。

此外，金属锂与铝、镁等金属能制成超轻的铝锂合金、镁锂合金。对于航空航天工业来说，更轻的材料不仅可以带来更快的飞行速度和更大的承载能力，而且能节省大量能源。以上种种优势都证明，锂确实是名副其实的"能源之星"。

84. 燃料电池是如何工作的?

电池有很多种类，燃料电池是这个家族中的后起之秀。一般电池是由正极、负极、电解质三部分构成，燃料电池也是这样。燃料电池其原理是一种电化学装置，其组成与一般电池相同。其单体电池是由正负两个电极（负极即燃料电极，正极即氧化剂电极）以及电解质组成。燃料电池可以用氢、联氨、甲醇、甲醛、甲烷、乙烷等作燃料；以氧气、空气、双氧水等为氧化剂；电解质溶液可采用KOH等强碱、H_2SO_4等强酸、NaCl等盐溶液；电极材为多孔性镍、铂等。

　　电池工作时，燃料和氧化剂由外部供给，进行反应。原则上只要反应物不断输入，反应产物不断排除，燃料电池就能连续地发电。

　　例如氢氧燃料电池，是以氢气作燃料，氧气作氧化剂，通过燃料的燃烧反应，将化学能转变为电能的电池。

　　氢氧燃料电池的工作原理（图4-6），与原电池的工作原理相同。电池工作时向氢电极供应氢气，同时向氧电极供应氧气。氢气、氧气在电极上的催化剂作用下，通过电解质生成水。这时在氢电极上有多余的电子而带负电，在氧电极上由于缺少电子而带正电。接通电路后，这一类似于燃烧的反应过程就能连续进行。

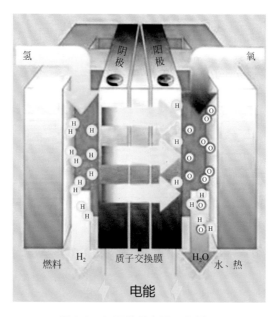

图4-6　氢氧燃料电池工作原理

　　一般化学电池的活性物质储存在电池内部，故而限制了电池容量。燃料电池与常规电池的区别在于，燃料电池电极本身不包含活性物质，只是一个催化转化原件，它工作时燃料和氧化剂连续地由外部提供，在电极上不断发生反应，生成物不断排出，于是电池连续不断提供电能。燃料电池从外表上看有正负极和电解质等，像一个蓄电池，但实质上它不能"储电"而是一个"发电厂"。目前燃料电池的能量转化率可达近80%，约为火力发电（30%）的2倍。燃料电池的噪声及硫氧化物、氮氧化物等废气污染都接近零，被人们誉为"绿色"发电站。

85. 什么是氢能?

氢（H）是自然界存在的最普遍的元素，位于元素周期表的第一位，它的原子序数为1。在常温常压下为气态，在超低温高压下又可成为液态。氢气是无色、无味、无毒的气体。它是最轻的化学物质，在标准温度和压力下，氢气的密度为0.0899g/L，与同体积的空气相比，约为空气的1/14。在$-252.8℃$氢气变成无色的液体，在$-259.2℃$时变成白色的固体。氢在地球上主要以化合态的形式出现，是宇宙中分布最广泛的物质，它构成了宇宙质量的75%。由于氢气必须从水、化石燃料等含氢物质中制得，因此氢能是二次能源。

氢能是氢气和氧气反应所产生的能量，氢能是氢的化学能。除核燃料外，氢的发热值是所有化石燃料、化工燃料和生物燃料中最高的，是汽油发热值的3倍。氢能与常规能源的热值比较见表4-1。

表4-1 氢能与常规能源的热值比较

燃料	主要成分	化学反应	热值/$kJ \cdot g^{-1}$
天然气	CH_4	$CH_4+2O_2=CO_2+2H_2O$	56
汽油	C_8H_{18}	$2C_8H_{18}+25O_2=16CO_2+18H_2O$	48
煤炭	C	$C+O_2=CO_2$	33
氢气	H_2	$2H_2+O_2=H_2O$	142

作为能源，氢具有质量轻、导热性能好、储量多、热值高、燃

烧性能好、清洁无污染等特点。

① 所有元素中，氢重量最轻。在标准状态下，它的密度为0.0899g/L；在 –252.7℃时，可成为液体，若将压力增大到数百个大气压，液氢就可变为金属氢。

② 所有气体中，氢气的导热性最好，比大多数气体的热导率高出 10 倍，因此在能源工业中氢是极好的传热载体。

③ 氢是自然界存在最普遍的元素，据估计它构成了宇宙质量的 75%，除了存在于空气中，主要以化合物的形态贮存于水中，而水是地球上最广泛的物质。据推算，如把海水中的氢全部提取出来，它所产生的总热量比地球上所有化石燃料放出的热量还大9000 倍。

④ 除核燃料外，氢的发热值是所有化石燃料、化工燃料和生物燃料中最高的，为 142 351kJ/kg，是汽油发热值的 3 倍。

⑤ 氢燃烧性能好，与空气混合时有广泛的可燃范围，而且燃点高，燃烧速度快。

⑥ 氢本身无毒，与其他燃料相比，氢燃烧时最清洁，除生成水和少量氮化氢外，不会产生诸如一氧化碳、二氧化碳、碳氢化合物、铅化物和粉尘颗粒等对环境有害的污染物质。少量的氮化氢经过适当处理也不会污染环境，而且燃烧生成的水还可继续制氢，反复循环使用。

⑦ 氢能利用形式多，既可以通过燃烧产生热能，在热力发动机中产生机械功，又可以作为能源材料用于燃料电池，或转换成固态氢用作结构材料。用氢代替煤炭和石油，无需对现有的技术装备作重大的改造，只要对现在的内燃机稍加改装即可使用。

⑧ 氢可以以气态、液态或固态的金属氢化物出现，能适应贮运及各种应用环境的不同要求。

由以上特点可以看出氢是一种理想的新能源。目前液氢已广泛用作航天动力的燃料，但氢能的大规模的商业应用还有待解决以下关键问题。① 廉价的制氢技术。因为氢是一种二次能源，它的制取需要消耗大量的能量，而且目前制氢效率很低，因此寻求大规模廉价的制氢技术是各国科学家共同关心的问题。② 安全可靠的贮氢和输氢方法。由于氢易气化、着火、爆炸，因此如何妥善解决氢能的贮存和运输问题也就成为开发氢能的关键问题。

86.氢能有哪些神奇的作用？

氢能所具有的清洁、无污染、效率高、质量轻等诸多优点，赢得了人们的青睐。氢能利用途径和方法很多，目前在军事、航空、交通工具及发电等方面有着广泛的应用。

（1）利用氢能可上天

在对重量十分敏感的航天、航空领域需要氢能作为燃料。早在第二次世界大战期间，氢就被用作某些火箭发动机的液体推进剂。液氢和液氧是火箭推进系统中优越的高能燃料组合。我国的"神舟"七号火箭（图4-7）中使用的燃料，就有液氢和液氧。

对现代飞机而言，减轻燃料自重，增加有效载荷十分重要，氢的能量密度很高，是普通汽油的3倍，这意味着燃料的自重可减轻2/3，这对航天飞机极为有利，现在的航天飞机就是以氢作为发动机的推进剂。与煤油相比，用液氢作航空燃料，能较大地改善飞机的性能参数。

1928年，德国齐柏林公司利用氢的巨大浮力，制造了世界上第一艘"LZ-127齐

图4-7　"神舟"七号火箭

柏林"号飞艇，首次把人们从德国运送到南美洲，实现了空中飞渡大西洋。大约经过了十年的运行，航程16万多公里，使1.3万人体验了上天的滋味，这是氢气的奇迹。

20世纪50年代，美国利用液氢作超音速和亚音速飞机的燃料，实现了氢能飞机上天。1957苏联宇航员乘坐人造地球卫星遨游太空，1963年美国的宇宙飞船上天，紧接着1968年阿波罗号飞船实现了人类首次登上月球的创举，这一切都依靠着氢燃料的功劳。面向21世纪，高速远程氢能飞机和宇航飞船的商业运营已为时不远，过去帝王般的梦想将被现代的普通人们一一实现。

（2）氢能作为各种交通工具的燃料

图4-8　氢能源汽车

氢能作为各种交通工具的燃料，比如家用汽车（图4-8）、火车、轮船等等。早在20世纪80年代左右，世界上便研发出了氢能汽车。由于使用氢能作为主要燃料，氢能汽车排放的尾气主要成分是水蒸气，因此它对环境的污染非常小，而且噪声也比较低。这种类型的汽车，特别适用于行驶距离不太长而人口又较为稠密的城市、住宅区以及地下隧道等地方。以氢气代替汽油作汽车发动机的燃料，已经过日本、美国、德国等许多汽车公司的试验，技术是可行的，目前主要是廉价氢的来源问题。

（3）氢能在家庭中的应用

随着制氢技术的发展和化石能源的缺少，氢能利用迟早将进入家庭，它可以像输送城市煤气一样，通过氢气管道被送往千家万户。每个用户则采用金属氢化物贮罐将氢气贮存，然后分别接通厨房灶具、浴室、氢气冰箱、空调机等，并且在车库内与汽车充氢设备连接。人们的生活靠一条氢能管道，可以代替煤气、暖气甚至电力管线，连汽车的加油站也省掉了。这样清洁方便的氢能系统将给人们创造舒适的生活环境。氢是一种理想的清洁燃料，但现在还没有完全解决其贮存以及安全使用的问题，因此将其运用在家庭当中，还需要一段时间的研发。

随着科学技术的进步，氢能应用范围必将不断扩大，氢能将深入到人类活动的各个方面，直至走进千家万户。在不远的将来，氢能汽车将驰骋于高速公路上，氢能飞机将翱翔于蓝天，氢能飞船将穿梭于星际，人类将迎来一个洁净、高效的明天。

87. "氢能源" 是一种二次能源

氢能是一种二次能源，在人类生存的地球上，虽然氢是最丰富的元素，但自然氢的存在极少。因此必须将含氢物质分解后方能得到氢气。最丰富的含氢物质是水（H_2O），其次就是各种矿物燃料（煤炭、石油、天然气）及各种生物质等。因此要开发利用这种理想的清洁能源，必须首先开发氢源，即研究开发各种制氢的方法。

目前，获取氢气的途径主要如下。

（1）矿物燃料制氢

在传统的制氢工业中，矿物燃料制氢是采用最多的方法，并已有成熟的技术及工业装置。其方法主要有天然气水蒸气重整和煤气化制氢，甲烷催化热分解制氢等。

用天然气和蒸汽作原料的制氢化学反应为：

$$CH_4 + 2H_2O = CO_2 + 4H_2$$

用煤和蒸汽作原料来制取氢气的基本反应过程为：

$$C + 2H_2O = CO_2 + 2H_2$$

虽然目前90%以上的制氢都是以天然气和煤为原料。但天然气和煤储量有限，且制氢过程会对环境造成污染，按照科学发展观的要求，显然在未来的制氢技术中该方法不是最佳的选择。

（2）电解水制氢

电解水制氢工业历史较长，这种方法是基于如下的氢氧可逆反应：

$$2H_2O \rightleftharpoons 2H_2 + O_2$$

分解水所需要的能量是由外加电能提供的。为了提高制氢效率，电解通常在高压下进行，采用的压力多为 3.0 ～ 5.0MPa。电解水制氢缺点是水电解的能耗仍然非常高。

对于电解水制取氢气，有人提出了一个大胆的设想：将来建造一些为电解水制取氢气的专用核电站。譬如，建造一些人工海岛，把核电站建在这些海岛上，电解用水和冷却用水均取自海水。由于海岛远离居民区，所以既安全，又经济。制取的氢和氧，用铺设在水下的通气管道输入陆地，以便供人们随时使用。

（3）生物制氢

生物制氢是利用微生物在常温、常压下以含氢元素物质（包括植物淀粉、纤维素、糖等有机物及水）为底物进行酶生化反应来制的氢气。迄今为止，已研究报道的产氢生物可分为两大类，即光合生物（厌氧光合细菌、蓝细菌和绿藻）和非光合生物（严格厌氧细菌、兼性厌氧细菌和好氧细菌）。

科学家们发现，一些微生物能在阳光作用下制取氢。人们利用在光合作用下可以释放氢的微生物，通过氢化酶诱发电子，把水里的氢离子结合起来，生成氢气。苏联的科学家们已在湖沼里发现了这样的微生物，他们把这种微生物放在适合它生存的特殊器皿里，然后将微生物产生出来的氢气收集在氢气瓶里。这种微生物含有大量的蛋白质，除了能放出氢气外，还可以用于制药和生产维生素，以及用作牧畜和家禽的饲料。人们正在设法培养能高效产氢的这类微生物，以适应开发利用新能源的需要。

引人注意的是，许多原始的低等生物在新陈代谢的过程中也可放出氢气。例如，许多细菌可在一定条件下放出氢。日本已找到一种叫做"红鞭毛杆菌"的细菌，就是个制氢的能手。在玻璃器皿内，以淀粉作原料，掺入一些其他营养素制成的培养液就可培养出这种细菌，这时在玻璃器皿内便会产生出氢气。这种细菌制氢的效能颇高，每消耗5mL的淀粉营养液，就可产生出25mL的氢气。

（4）太阳能制氢

世界各国正在研究如何能大量而廉价的生产氢。随着新能源的崛起，以水为原料利用太阳能来大规模制氢已成为世界各国共同努力的目标。其中太阳能制氢最具吸引力，也最有现实意义。太阳能制氢包括太阳热分解水制氢、太阳能电解水制氢、太阳能光化学分解水制氢、太阳能光电化学分解水制氢、模拟植物光合作用分解水制氢、光合微生物制氢等。

随着太阳能研究和利用的发展，人们已开始利用阳光分解水来制取氢气。在水中放入催化剂，在阳光照射下，催化剂便能激发光化学反应，把水分解成氢和氧。例如，二氧化钛和某些含钌的化合物，就是较适用的光水解催化剂。人们预计，一旦当更有效的催化剂问世时，水中取"火"——制氢就成为可能。到那时，人们只要在汽车、飞机等油箱中装满水，再加入光水解催化剂，那么在阳光照射下，水便能不断地分解出氢，成为发动机的能源。

20世纪70年代，人们用半导体材料钛酸锶作光电极，金属铂作暗电极，将它们连在一起，然后放入水里，通过阳光的照射，就在铂电极上释放出氢气，而在钛酸锶电极上释放出氧气，这就是我们通常所说的光电解水制取氢气法。

综合以上分析，制氢的技术可谓是"八仙过海，各显神通"。化石燃料制氢、电解水制氢，这些技术仍要消耗大量的常规能源。所有的制氢方法，都涉及一系列高技术，而且绝大部分对氢能的研发仍处于理论研究和实验室研究阶段，距离大规模工业实用化还有长的时间。研究一种经济、便捷的制氢技术就是新能源领域里的一项重要课题，但人类有信心迎接氢能世界的到来。

88. 新能源汽车所用的能源是什么？

汽车是现代社会的重要交通工具，为人们提供了便捷、舒适的出行服务，然而传统燃油车辆在使用过程中产生了大量的有害废气，并加剧了对不可再生石油资源的依赖。21世纪是一个面临能源和环境巨大挑战的世纪，传统燃油汽车将向高效低排放的新能源汽车方向发展。那么，什么是新能源汽车？新能源汽车所说的"新能源"究竟是指什么？

新能源汽车是指采用非常规的车用燃料作为动力来源（或使用常规的车用燃料、采用新型车载动力装置），综合车辆的动力控制和驱动方面的先进技术，形成的技术原理先进、具有新技术、新结构的汽车。非常规的车用燃料指除汽油、柴油、天然气（NG）、液化石油气（LPG）、乙醇汽油（EG）、甲醇、二甲醚之外的燃料。

简单地说，新能源汽车是指除使用汽油、柴油、天然气等化石能源作为发动机燃料之外所有其他能源汽车。包括纯电动汽车（BEV，包括太阳能汽车）、混合动力电动汽车（HEV）、燃料电池电动汽车（FCEV）、其他新能源（如超级电容器、飞轮等高效储能器）汽车等四大类型。

对于大多数人来说，新能源汽车所说的"新能源"究竟是指什么？可能都知之甚少。此处的"新能源"简单来说就由"电"转化而来的。

（1）纯电动汽车

纯电动汽车（blade electric vehicles，BEV）顾名思义就是纯粹靠电能驱动的车辆。它必须使用专用充电桩或特定的充电场所进行充电才能行驶。它利用蓄电池作为储能动力源，通过电池向电动机提供电能，驱动电动机运转，从而推动汽车行驶。这类车型可以实现行驶过程完全零排放。

纯电动汽车的优点是：无污染、噪声小；结构简单、使用维修方便；技术相对简单成熟，只要有电力供应的地方都能够充电。

纯电动汽车一般配置较大容量的电池，并提供交流慢充和直流快充两种充电接口。因为这类车型只能依靠电池提供能量，所以很多车主对于纯电动车的焦虑主要是续航里程、电池寿命以及充电桩的建设。不过随着充电设施的不断完善，以及充电技术的不断提高，这个担忧其实大可不必。

（2）混合动力电动汽车

混合动力电动汽车（hybrid electric vehicle，HEV）指的是至少拥有两种动力源，使用其中一种或多种动力源提供部分或者全部动力的车辆。一般动力源采用传统的内燃机和电动机，而内燃机又以汽油机为主，因此大部分的混合动力都是汽油—电动混合驱动。它通常能够行驶在纯电动模式、纯油模式以及油电混合模式下，可以通俗的理解为双人自行车，两个人既可以同时出力，也可以各自出力（图4-9）。

电动机   发动机

图4-9　混合动力车工作原理示意图

混合动力电动汽车的主要特点在于：采用小排量的发动机，降低了燃油消耗；在繁华市区，可关停内燃机，由电机单独驱动，实现"零排放"；利用现有的加油设施，具有与传统燃油汽车相同的续驶里程。

（3）燃料电池电动汽车

燃料电池电动汽车（fuel cell electric vehicle，FCEV）是利用

氢气和空气中的氧在催化剂的作用下在燃料电池中经电化学反应产生的电能，并作为主要动力源驱动的汽车。它也是电动汽车的一种，结构基本类似，只是多了一个燃料电池和氢气罐。它的电能来自于氢气燃烧，工作时只要加氢气就可以了，不需要外部补充电能。

燃料电池电动汽车，其特点主要表现在：能量转化效率高，燃料电池的能量转换效率可高达60%～80%，为内燃机的2～3倍；零排放，不污染环境，燃料电池的燃料是氢和氧，生成物是清洁的水；氢燃料来源广泛，可以从可再生能源获得，不依赖石油燃料。

（4）太阳能汽车

太阳能汽车是一种靠太阳能来驱动的汽车（图4-10）。相比传统热机驱动的汽车，太阳能汽车是真正的零排放。它是在汽车上安装了一套能够吸收太阳能量的装置，并且将太阳能转化为电能，驱动汽车行驶。目前，太阳能汽车正处于研究阶段，还没有达到实用的程度。

图4-10　太阳能汽车

新能源汽车的种类多种多样，但是说到实际生活中的新能源汽车还是以纯电动最为常见，以太阳能、氢气等能源作为动力源会是未来发展的方向。

第五篇

第五种能源——节能

人类曾在漫长历史进程中，通过木柴等生物质能源获取能量。直到工业文明以后，煤炭的利用使蒸汽机得以大面积推广。再后来，石油天然气推动人类的行动能力得以大幅提升。但需正视的现实是，石油等化石资源的渐趋匮乏是现代社会必须面临的重大挑战之一，能源危机与能源危害严重影响着社会进步和人类生活。而太阳能、风能、生物质能、氢能、海洋能等新能源开发和利用的步伐似乎仍显缓慢，在近期都难以大量开发和利用。

在能源问题日益激化和尖锐的如今，人们开始了另一种尝试，在现有的能源使用中寻求变化，那就是被称作第五大常规能源的——节约能源。与可再生能源的高成本、高投入相比较，能源节约的执行更为直接，所带来的经济回报和环境回报更加明显。有专家曾经大声疾呼："节能，是和煤炭、石油、天然气、电力同等重要的第五种能源"。节约能源资源、保护环境已成为全世界人民的共识，许多国家正在大力推进节能工作。

目前，中国已成为仅次于美国的第二大能源消费国。自1980年以来，快速的经济增长刺激了能源生产和消费的显著增长。而能源对经济发展的束缚也越来越明显，能源的供求矛盾日益严峻。为了保障国民经济持续、稳定、协调的发展，我国在1986年就制定《节约能源管理暂行条例》。1997年我国正式颁布《中华人民共和国节约能源法》（简称《节约能源法》），在总则第一条即强调，本法为了推进全社会节约能源，提高能源利用效率和经济效益，保护环境，保障国民经济和社会的发展，满足人民生活需要。2007年新修订的《中华人民共和国节约能源法》，自2008年4月1日起施行。其中第三条对"节能"的定义：节能是指加强用能管理，采取技术上可行、经济上合理以及环境和社会可以承受的措施，从能源生产到消费的各个环节，降低消耗，减少损失和污染物排放，制止浪费，有效、合理地利用能源。

《中华人民共和国节约能源法》第四条明确提出，"节约资源是中国的基本国策。国家实施节约与开发并举、把节约放在首位的能源发展战略"。基本内容：国家实行有利于节能和环境保护的产业政策，限制发展高耗能、高污染行业，发展节能环保型产业。国家鼓励、支持开发和利用新能源、可再生能源。

有关专家称，关于节能的内容非常丰富，社会节能大有可为。可以通过调整产业结构节能，通过工业废气利用节能，建筑节能，交通节能，照明节能等。就百姓生活而言，应提倡"适度的物质消费、丰富的精神追求"的生活方式等。

89. 节能技术有哪些？

节能并不是不用能源，或简单地少用能源，而是善用能源、巧用能源。可以通过技术创新、设备结构改造，采用新工艺、新技术等方法，直接减少能源消耗；也可以通过加强管理、调整经济和能源消费结构，提高用能系统的能效。

节能技术是指采取先进的技术手段来实现节约能源的目的。具体可理解为，根据用能情况和能源类型分析能耗现状，找出减少能源浪费的节能空间，采取对应的措施减少能源浪费，达到节约能源的目的。

根据所需节约能源类型，如今已经得到应用的节能技术有节电技术、节煤技术、节油技术、节水技术、节气技术以及工艺改造节能技术等。

根据节能技术划分，对于不同能源类型和不同能耗系统，节能技术的应用领域有家庭能耗节能、工业能耗节能、大型建筑节能、市政设施节能、交通运输节能。对应不同的领域不同的能耗系统，有着相应的节能改造方案。

90. 中国节能认证是什么？

中国节能认证也称为节能产品认证，是依据我国相关的认证用标准和技术要求，按照国际上通行的产品认证制定与程序，经中国节能产品认证管理委员会确认并通过颁布认证证书和节能标志，证

图5-1 中国节能产品认证标志

明某一产品为节能产品的活动，属于国际上通行的产品质量认证范畴。

中国节能产品认证标志（图5-1），由英语"energy"（能源）的第一个字母"e"构成一个圆形图案，中间包含了一个变形的汉字"节"，寓意为节能。缺口的外圆又构成"China"（中国）的第一字母"C"，"节"的上半部简化成一段古长城的形状，与下半部构成一个烽火台的图案，一起象征着中国。"节"的下半部又是"能"的汉语拼音第一字母"N"。整个图案中包含了中英文，有利于国际接轨。

根据《中华人民共和国节约能源法》的规定，取得节能产品认证资格的企业，将获得节能产品认证证书，并允许在获准认证的产品上粘贴节能标志。目前开展节能认证的产品有照明器具、风机、水泵、电冰箱、空调器等。消费者可以依据产品或其包装上的节能标志识别和选择高效节能型产品。

2007年，国务院办公厅发布关于建立政府强制采购节能产品制度的通知（国办发〔2007〕51号）明确提出：建立节能产品政府采购清单管理制度，明确政府优先采购的节能产品和政府强制采购的节能产品类别，指导政府机构采购节能产品。即只有经过"节能产品认证"的产品才能进入政府设备产品采购目录。

91. 家电能效标识你了解吗？

随着人们节能意识的逐渐提高，越来越多的人购买冰箱、空调、电视机等家电时也更加注重其节电能力。想必大家都知道很多家用电器都带有能效标识，究竟这能效标识表示的具体含义是什么？

能效标识又称能源效率标识，是附在耗能产品或其最小包装物上，表示产品能源效率等级等性能指标的一种信息标签，目的是为用户和消费者的购买决策提供必要的信息，以引导和帮助消费者选择高能效节能产品。建立和实施能源效率标识制度，对提高耗能设备能源效率，提高消费者的节能意识，加快建设节能型社会，

图5-2 中国能效标识

缓解社会发展所面临的能源约束矛盾具有十分重要的意义。

中国能效标识（图5-2）为蓝白背景，顶部标有"中国能效标识"（CHINA ENERGY LABEL）字样，背部有黏性，要求粘贴在产品的正面面板上。标识的结构可分为背景信息栏、能源效率等级展示栏和产品相关指标展示栏。

作为一种信息标识，能效标识直观地明示了耗能产品的能源效率等级、能源消耗指标以及其他比较重要的性能指标，而能源效率等级是判断产品是否节能的最重要指标，产品的能源效率等级越低，表示能源效率越高，节能效果越好，越省电。目前我国的能效标识将能效分为1、2、3、4、5共五个等级。

5个能效等级表示的含义：等级1表示产品达到国际先进水平，最节电，即耗能最低；等级2表示比较节电，为节能型产品；等级3表示产品的能源效率为我国市场的平均水平；等级4表示产品能源效率低于市场平均水平；等级5表示市场准入指标，低于该等级要求的产品不允许生产和销售。

注意：等级3以下的产品都不算节能产品！

　　为了在各类消费者群体中普及节能增效意识，能效等级展示栏用3种表现形式来直观表达能源效率等级信息：一是文字部分"耗能低、中等、耗能高"；二是数字部分"1、2、3、4、5"；三是根据色彩所代表的情感安排的等级指示色标，其中红色代表禁止，橙色代表警告，绿色代表环保与节能。因此能效标识可以使消费者能够对不同产品的节能效果进行比较，从而使消费者能够购买到更节能、更省钱的产品。

　　我国能效标识制度于2005年3月1日开始实施，而且率先从空调、冰箱这两个产品开始，凡在中国生产、销售、进口的家用空调和冰箱必须贴上"中国能效标识"标签，没有标识的产品一律不准上市销售。

　　此外，还有显示器、液晶电视机、等离子电视机、电饭锅、电磁炉、家用洗衣机、储水式电热水器、节能灯、高压钠灯、打印机、复印机、电风扇等。

92. 白炽灯、节能灯与LED灯有什么区别？

　　灯是一项非常伟大的发明，让人们不再生活在黑暗当中。灯具是家庭生活中必不可少的家用电器，生活中会经常接触到白炽灯、节能灯、LED灯，它们有什么区别呢？谁会是其中的"佼佼者"呢？

　　（1）白炽灯

　　白炽灯是最早成熟的人工电光源，它是利用灯丝通电发热发光的原理发光。人类使用白炽灯泡已有一百三十多年的历史了。提到白炽灯，大家自然会想到美国大发明家爱迪生，他为了找寻白炽灯丝的材料，试验过6000多种材料，最终用炭精丝试验出了第一只真正意义上的白炽灯，使用了45h之后灯丝才熔断，后来经过爱迪生和后来者的不断改进，白炽灯才有了今天3000h以上的寿命。

　　白炽灯用耐热玻璃制成泡壳，内装钨丝。泡壳内抽去空气，以免灯丝氧化，或再充入惰性气体（如氩），减少钨丝受热升华。一只点亮的白炽灯的灯丝温度高达3000℃，正是由于炽热的灯丝产生了光辐射，才使电灯发出了明亮的光芒。灯丝的温度越高，发出的光就越亮。

白炽灯制造方便、成本低、启动快、线路简单，而且白炽灯具有显色性好、光谱连续、使用方便等优点，因而仍被广泛应用。白炽灯是一种热辐射光源，因灯丝所耗电能仅一小部分转为可见光，故发光效率低，只有2%～4%的电能转换为眼睛能够感受到的光，大约在12lm/W，而其余部分都以热能的形式散失了。白炽灯工作的时候，玻壳的温度最高可达100℃左右。

由于白炽灯的耗电量大，寿命短，性能远低于新一代的新型光源，为了节能环保，白炽灯已被一些绿色光源所代替，渐渐退出市场，一些国家已禁止生产和销售白炽灯。

2011年我国发布《关于逐步禁止进口和销售普通照明白炽灯的公告》，提出中国逐步淘汰白炽灯路线图分为5个阶段：2011年11月1日至2012年9月30日为过渡期，2012年10月1日起禁止进口和销售100W及以上普通照明白炽灯，2014年10月1日起禁止进口和销售60W及以上普通照明白炽灯，2015年10月1日至2016年9月30日为中期评估期，2016年10月1日起禁止进口和销售15W及以上普通照明白炽灯，或视中期评估结果进行调整。

（2）节能灯

首先，了解一下什么是节能灯。节能灯（图5-3）又称为省电灯泡、电子灯泡，国外简称CFL灯，它是1978年由国外厂家首先发明的，由于它具有光效高（是普通灯泡的5倍），节能效果明显，寿命长（是普通灯泡的8倍），体积小，使用方便等优点，受到各国人民和国家的重视和欢迎。我国于1982年，首先在复旦大学电光源研究所成功研制SL型紧凑型荧光灯，几十年来，产量迅速增长，质量稳步提高，国家已经把它作为国家重点发展的节能产品（绿色照明产品）推广和使用。

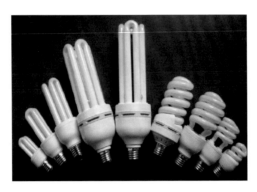

图5-3 节能灯

节能灯实际上就是一种紧凑型、自带镇流器的日光灯，节能灯点燃时首先经过电子镇流器给灯管灯丝加热，灯丝开端发射电子（由于在灯丝上涂了一些电子粉），电子碰撞充装在灯管内的氩原子，氩原子碰撞后取得了能量又撞击内部的汞原子，汞原子在吸收能量后跃迁产生电离，灯管内构成等离子态。

灯管两端电压直接经过等离子态导通并发出253.7nm的紫外线，紫外线激起荧光粉发光，由于荧光灯工作时灯丝的温度约在1160K，比白炽灯工作的温度2200～2700K低很多，所以它的寿命也大大提高，到达5000h以上，由于它运用效率较高的电子镇流器，同时不存在白炽灯那样的电流热效应，荧光粉的能量转换效率高，到达50lm/W以上，所以节约电能。

节能灯的优点是光效高（是普通灯泡的5倍），节能效果明显，寿命较长，是白炽灯的6～10倍，体积小，使用方便。但节能灯存在生产过程中和使用废弃后有汞污染的问题。

（3）LED灯

LED节能灯（图5-4）是继普通节能灯后的新一代照明光源。LED（light-emitting diode），即半导体发光二极管，它可以直接把电转化为光。所谓的LED灯，是指灯具产品采用LED技术作为主要的发光源。

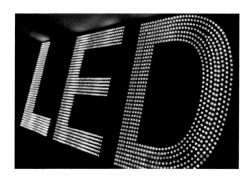

图5-4　LED节能灯

LED的心脏是一个半导体的晶片，晶片的一端附在一个支架上，一端是负极，另一端连接电源的正极，使整个晶片被环氧树脂封装起来。半导体晶片由三部分组成，一部分是P型半导体，在它里面空穴占主导地位，另一端是N型半导体，在这边主要是电子，中间通常是1～5个周期的量子阱。当电流通过导线作用于这个晶片的时候，电子和空穴就会被推向量子阱，在量子阱内电子跟空穴复合，然后就会以光子的形式发出能量，这就是LED发光的原理。

20世纪60年代，科技工作者利用半导体PN结发光的原理，研制成了LED发光二极管。当时研制的LED，所用的材料是GaAsP，其发光颜色为红色。经过近30年的发展，大家十分熟悉的LED，已能发出红、橙、黄、绿、蓝等多种色光。然而照明需用的白色光LED仅在2000年以后才发展起来。

因为LED灯发热量不高，把大部分电能转化成了光能，因此LED照明就显得节能得多。白光LED的能耗仅为白炽灯的1/10，节能灯的1/4。LED寿命可达10万小时以上，对普通家庭照明可谓"一劳永逸"。另外，LED灯不含铅、汞等污染元素，对环境没有任何污染。LED灯因具有体积小、寿命长、高亮度、低热量、环保、坚固耐用等优点，是继爱迪生发明电灯泡以来巨大的光革命，LED节能灯公认为21世纪的绿色照明。

目前，市场上的LED灯种类繁多，颜色万千，形状各异。根据使用环境，LED灯可用于室内与室外照明。室内照明用的有球泡灯、射灯、天花灯、轨道灯、面板灯、厨卫灯、台灯、筒灯等；室外最常见的就是路灯、地埋灯、洗墙灯、投光灯、草坪灯、隧道灯等。LED灯适用家庭、银行、医院、宾馆、商场、饭店等各种公共场所。

（4）白炽灯、节能灯与LED灯亮度的比较

1W LED=3W CFL（节能灯）=15W 白炽灯

3W LED=8W CFL（节能灯）=25W 白炽灯

4W LED=11W CFL（节能灯）=40W 白炽灯

8W LED=15W CFL（节能灯）=75W 白炽灯

12W LED=20W CFL（节能灯）=100W 白炽灯

总之，从使用寿命、节约能源以及环保的角度，对比白炽灯、节能灯与LED灯，LED灯使用寿命更长，更节能也更安全。

93.什么是建筑节能？

建筑节能是指在保证、提高建筑舒适性和生活质量的条件下，在建筑物使用的全过程中合理的、有效的使用能源，即降低能耗，提高能效。这里所说的建筑用能包括采暖、空调、热水供应、照明、电梯、炊事、家用电器等方面的能耗。其中采暖、空调和照明能耗占70%以上，因此建筑节能的重点是建筑采暖、空调和照明的节能。

在节能建筑中，为了节约采暖和空调能耗，除了一般采用高效节能、便于调控和计量的采暖和空调设备之外，还加强了围护结构的保温和隔热保温的作用。

根据国家规范的规定，符合节能要求的采暖居住建筑，其屋顶的保温能力为一般非节能建筑的1.5～2.6倍，外墙的保温能力为一般非节能建筑的2.0～3.0倍，窗户的保温能力为一般非节能建筑的1.3～1.6倍。节能建筑一般都要求采用带密闭条的双层或三

层中空玻璃窗户，这种窗户的保温性能和气密性要比一般窗户好得多。

由于节能建筑的围护结构保温隔热好，门窗的气密性较高。冬天室内暖气不易散失，室外寒气不易侵入；夏天室外热气不易传入，室内空调冷气容易保住。不仅大量降低了空调能耗，也给人们创造了一个舒适的空间。

94. 国家出台了哪些有关建筑节能的法律、法规和标准？

1998年实施的《中华人民共和国节约能源法》对建筑节能作出了规定，要求建筑物提高保温隔热性能，减少采暖、制冷、照明的能耗。2000年建设部发布了第76号部长令《民用建筑节能管理规定》。国家建设部出台了一系列建筑节能方面的标准，其中主要有《民用建筑节能设计标准》（采暖居住建筑部分）、《夏热冬冷地区居住建筑节能设计标准》《夏热冬暖地区居住建筑节能设计标准》《公共建筑节能设计标准》。

根据地方建筑节能工作进展的需要，2004年北京和天津还分别发布了节能率为65%的地方标准《居住建筑节能设计标准》。这些标准的发布和实施，意味着从北到南、从居住建筑到公共建筑，设计时都必须满足建筑节能标准规定的要求。

95. 建筑中有哪几种最常用的保温隔热材料？

建筑中使用的保温隔热材料品种繁多，其中使用最为普遍的保温隔热材料有无机保温材料和有机保温材料两大类。无机保温材料有膨胀珍珠岩、加气混凝土、岩棉、玻璃棉等；有机保温材料有聚苯乙烯泡沫塑料、聚氨酯泡沫塑料等。这些材料保温隔热效能的优劣，主要由材料热传导性能的高低（其指标为热导率）决定。材料的热传导愈难（即热导率愈小），其保温隔热性能愈好。一般地说，保温隔热材料的共同特点是轻质、疏松，呈多孔状或纤维状，以其内部不流动的空气来阻隔热的传导。其中无机材料有不燃、使用温度宽、耐化学腐蚀性较好等特点，有机材料有吸水率较低、不透水性较佳等特色。

在上述常用保温隔热材料中，膨胀珍珠岩、岩棉、玻璃棉、聚苯乙烯泡沫塑料、聚氨酯泡沫塑料等材料的热导率都比较小，虽高低也有差别，但相差不算很大，均属于高效绝热材料，但无承重功能；加气混凝土的保温隔热性能优于黏土砖和普通混凝土等建筑材料，但低于上述高效绝热材料较多。由于加气混凝土为水泥、石灰、石英砂、粉煤灰、炉渣和发泡剂铝粉等，通过高压或常压蒸养制成，密度较大，干容重为 $300 \sim 700 \ kg/m^3$，可利用工业废料，有一定承重能力，能砌筑单一墙体，兼有保温及承重作用。

聚苯乙烯泡沫塑料有膨胀型和挤出型两类，加入阻燃剂后有自熄性。膨胀型聚苯乙烯板材由于轻巧方便，使用十分普遍。挤出型聚苯乙烯强度高，耐气候性能优异，会有较大发展。

聚氨酯泡沫塑料按所用原料不同，分为聚醚型和聚酯型两种，经发泡反应制成，又有聚氨酯软质泡沫塑料和聚氨酯硬质泡沫塑料之分。此外，还有一种铝箔保温隔热材料，采用铝箔与牛皮纸黏合后，与瓦楞纸复合制成板材，也可用聚氯乙烯片镀铝模压制成，可多层设置，作为夹层墙体或屋面，体轻、防潮、保温、隔热性能均好。

96. 门窗的保温性能和气密性对采暖能耗有多大影响？

通常在采暖住宅建筑中，通过门窗的传热损失的热量与空气渗透损失的热量相加，约占全部损失热量的50%，其中传热和空气渗透约各占一半。因此，门窗的保温性能和气密性对采暖能耗均有重大影响。

近年来，我国各种类型的保温节能门窗大量涌现。其中，聚氯乙烯塑料门窗（因框料内附有薄壁方钢，故又称塑钢门窗）的保温性能和气密性都较好，外形美观，使用寿命达20年以上，已逐渐被人们所认识和广泛采用。此外，玻璃钢框料中空玻璃窗和铝合金框断热中空玻璃窗，其保温性能、气密性及其他功能质量也较好。采用这类保温节能门窗对改善室内热环境和节约采暖能耗有显著效果。

建筑外窗作为建筑的重要部件，有采光、通风和丰富建筑外立面的功能，同时还有能量的散失。建筑门窗在使用中的能耗主要通过3种途径：① 通过开启部分的密封处进入室内的空气所带来的能量损失；② 由于室内外的温差作用，通过窗框的热传导所带来的能量损失；③ 通过采光玻璃的辐射与传导所带来的能量损失。显而易见，提高建筑门窗的保温性能和降低空气渗透性能，是节约采暖能耗、改善室内热环境的关键环节。为了降低建筑门窗的能耗电量，提高建筑门窗的保温隔热性能，通常采用以下措施。① 窗框采用低导热系数的材料。如PVC塑料型材、铝合金断冷（热）桥窗框材料、玻璃钢型材、钢塑共挤型材，以及高档产品中的铝木复合材料、铝塑复合材料等。这样，可从根本上改善普通金属门窗由于窗框的热传导带来的较大的能量损失。② 设计合理的密封结构，并选用性能优良的密封胶条，可改善建筑门窗的气密性能，如选用具有耐候性强、不易收缩变形、手感柔软的材料制作密封条。③ 通过增加玻璃的层数和玻璃之间的距离（空气层厚度），采用镀膜玻璃等措施，提高玻璃的热阻值。中空玻璃因其在双层玻璃之间形成了一个相对静止的、有一定厚度的干燥空气层，具有不易结露或结霜的特点，已被越来越广泛地采用。

97. 低能耗、零能耗住宅是怎么回事？

零能耗住宅就是指不消耗煤、电、燃气等商品能源的住宅，其使用的能源为可再生能源，如太阳能、风能、地热能，以及室内人体、家电、炊事产生的热量，排出的热空气和废水回收的热量。

这种住宅的围护结构使用保温隔热性能特别高的技术和材料，如外墙和屋顶包裹着厚厚的高效保温隔热材料，外窗框绝热性能良好，玻璃则使用密封性能很好的多层中空玻璃，且往往装有活动遮阳措施，还有可根据人体需要自动调节的通风系统以及节能型照明灯具，有的还使用地源热泵或水源热泵。经过如此"包装"的住宅，尽管室外严寒酷暑，室内照样温暖如春，冬暖夏凉，节能又舒适。

在阴雨天、无风天，当太阳能、风能使用受限制时，可以接通共用电路，暂时使用很少量的商品能源，到可再生能源供应充裕时，则将多余的电量送还给公共电网。低能耗住宅的原理与零能耗住宅相近，只是需要使用少量的常规能源而已。

2015年12月14日，日本经济产业省、资源能源厅公布了日本普及能源消费量实际为零的"零能源"节能住宅的进度表，计划到2020年，超过半数的日本新建住宅，将达到零能源住宅的标准。

日本净零能源住宅见图5-5，零能源住宅，隔热性强，拥有卓越的节能性能，通过自身的太阳能发电，来供给能源。空调、热水消耗的能源，与太阳能等产生的能源，以及节能削减效果，来达到平衡。独立住宅内部消耗的电力数量（照明、热水供应、把室内污浊的空气换成新鲜空气、制冷制热空调等方面所消耗的电力）减去太阳能发电等所产生的电力数量小于等于零。

图5-5 净零能源独立住宅

近几年来在发达国家已有相当发展水平的"零能房屋"，即完全由太阳能光电转换装置提供建筑物所需要的全部能源消耗，真正做到清洁、无污染，它代表了21世纪太阳能建筑的发展趋势。由于许多国家的政府（如美国、德国）都制定了太阳能在国家总能源消耗中的所占比例应超过20%的计划，相信这种"零能房屋"将会有十分良好的发展前景。

随着建筑节能工作的深入开展，低能耗和零能耗住宅必将在我国兴盛起来。

98. 什么是太阳房？

"太阳房"一词起源于美国。人们看到用玻璃建造的房子内阳光充足，温暖如春，便形象地称为太阳房。太阳房是利用建筑结构上的合理布局，巧妙安排，精心设计，使房屋增加少量投资，利用太阳辐射能替代部分常规能源，使环境温度达到一定使用要求的建筑物。太阳房通过使用太阳能，取代了日常生活中的常规能源，从而达到节能环保的目的。太阳房属于新型环保房屋类型，也被称为节能房。根据太阳能系统运行过程中是否需要机械动力，有主动式太阳房和被动式太阳房两种。

主动式太阳房需要在太阳能系统中安装用常规能源驱动的系统，如控制系统、供调节用的水泵或风机及辅助热源等设备，故称主动式太阳房。通过高效集热装置收集获取太阳能，然后由热媒介质将热量送入建筑物内，它对太阳能的利用效率高，可以供热、供热水、供冷，根据需要调节室温达到舒适的环境条件，在发达国家应用广泛。

主动式太阳房一般由集热器、传热流体、蓄热器、控制系统及适当的辅助能源系统构成。它需要热交换器、水泵和风机等设备，电源也是不可缺少的。主动式太阳房的工作原理是（图5-6）：依靠机械动力的驱动，把太阳能加热的工质（水或空气）送入蓄热器，再从蓄热器通过管道与散热设备输送到室内，进行采暖；工质流动的动力，由泵或风机提供。这是一种通过集热器、蓄热器、风机或泵等设备来收集、储存及输配的太阳能系统。

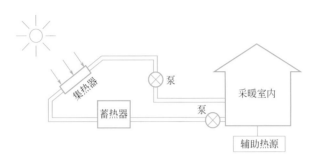

图5-6　主动式太阳能采暖系统图

1938年世界上第一幢主动式太阳房由美国麻省理工学院建成。一般来说，主动式太阳房能够较好地满足用户的生活要求，可以保证室内采暖和供热水，甚至制冷空间。在一些经济发达的国家，已建造不少各种类型的主动式太阳房。主动式太阳房设备复杂，投资昂贵，需要耗费辅助能源和电功率，而且所有的热水集热系统还需要设有防冻措施，这些缺点是主动式太阳房目前在我国还未得到大面积推广的主要原因。

被动式太阳房是与主动式太阳房相对而言的。被动式太阳房（图5-7）是最简便的一种太阳房，太阳能向室内传递，不用任何机械动力，不需要专门的蓄热器、热交换器、水泵（或风机）等设备，而是完全由自然的方式（经由辐射、传导和自然对流进行）。简单地说，被动式太阳能供暖系统就是根据当地的气象条件、生活习惯，在基本上不添置附加设备的条件下，使房屋建造尽量利用太阳的直接辐射能，不需要安装复杂的太阳能集热器，更不用循环动力设备，完全依靠建筑结构造成的吸热、隔热、保温、通风等特性，来达到冬暖夏凉的目的。但在冬季遇上连续坏天气时，可能要采用一些辅助能源补助。

图5-7　被动式太阳房

　　被动式太阳房是目前国内外太阳能建筑中应用最多的类型之一。其优点是构造简单、造价低廉、施工方便。对于要求不高的用户，特别是原无采暖条件的北部农村地区，煤炭资源短缺，但太阳能资源丰富，气候条件优越，特别是采暖季节，阴雨天少，天气干燥，使被动式太阳房得以广泛的应用。

　　被动式太阳房的核心部件是房屋南侧的集热墙，也叫"特隆布"（Trombe）墙，由透光玻璃、集热板、集热墙体（砖墙）组成。在集热墙体上、下部适当位置设置风口。其工作原理是：阳光透过玻璃照射到集热板上，集热板被加热，并有一部分热量蓄积在集热墙体内。当上下风口打开时，房间的冷空气由下风口进入集热板和墙体间的空腔，在空腔中受热上升，再由上风口回到房间。这种周而复始的热循环过程使室内温度得以提高。天热时，可以通过控制风口闸门启闭，来调节室内温度，使室内温度不致过高。

　　我国有句民谣"我家有座屋，向南开门户"，从古至今人们在建筑房屋时，自然而然地意识到太阳能的必要性。太阳不仅直接有益于人类的身心健康，而且可以节省能耗，缓解我国能源紧张问题，保护地球，造福于子孙后代。因此，建造太阳能采暖建筑是未来社会发展中的必要选择，在未来建筑中的应用会越来越广泛。

99. 节能科技——热泵

作为自然界的现象，正如水由高处流向低处那样，热量也总是从高温区流向低温区。然而在现实生活中，为了农业灌溉、生活用水等的需要，人们利用水泵将水从低处送到高处。同样，在能源日益紧张的今天，为了回收通常排到大气中的低温热气、排到河川中的低温热水等中的热量，热泵被用来将低温物体中的热能传送到高温物体中，然后来加热水或采暖，使热量得到充分利用。其作用是从周围环境中吸取热量，并把它传递给被加热的对象（温度较高的物体）。

热量可以自发地从高温物体传递到低温物体中去，但不能自发地沿相反方向进行。但是科学家利用能量守恒原理，借助能量的转换就能实现热量由低温向高温流动。热泵就是一种热量提升装置，是一种把热量从低温端送向高温端的专用设备。它不仅可大幅度的降低能源的消耗，同时可大大减少燃烧矿物燃料而引起的污染物排放，是目前在全世界备受关注的节能装置。

1824年法国科学家萨迪·卡诺首次在论文中提出"卡诺循环"理论，这成为热泵技术的起源。1852年英国科学家开尔文（L. Kelvin）提出，冷冻装置可以用于加热，将逆卡诺循环用于加热的热泵设想。他第一个提出了一个正式的热泵系统，当时称为"热量倍增器"。之后许多科学家和工程师对热泵进行了大量研究，研究持续80年之久。1912年瑞士的苏黎世成功安装一套以河水作为低温热源的热泵设备用于供暖，这是早期的水源热泵系统，也是世界上第一套热泵系统。

热泵的工作原理就是以逆循环方式迫使热量从低温物体流向高温物体的机械装置，热泵通常是经过电力做功，它本身消耗一部分能量，把环境介质中贮存的能量加以挖掘，通过传热工质循环系统提高温度进行利用，而整个热泵装置所消耗的功仅为供热量的三分之一或更低，就可以得到较大的供热量。如图5-8所示，花1份电能转移3份热能，可以得到4份热能（1kW电能＝4kW热能）。即热泵工作时它本身消耗很少一部分电能，可以把环境介质（水、空气、土壤等）中不能直接利用的低品位热源转化为可利用的高品位能热源，从而达到部分节约一次性能源如煤炭、石油、天然气和电等高位能源的目的。

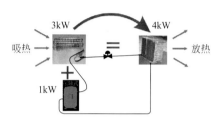

图 5-8　热泵中的能量转换

　　热泵由蒸发器、压缩机、冷凝器、节流装置等部分组成，利用少量的工作能源，以吸收和压缩的方式，把一特定环境中低温而分散的热聚集起来，使之成为有用的热能。

　　热泵的工作原理见图 5-9，热泵在运行中，蒸发器从周围环境中吸取热量以蒸发传热工质，工质蒸汽经压缩机压缩后温度和压力

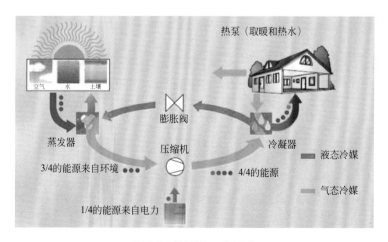

图 5-9　热泵的工作原理

上升，高温蒸气通过冷凝器冷凝成液体时，释放出的热量传递给了储水箱中的水。冷凝后的传热工质通过膨胀阀返回到蒸发器，后再被蒸发，如此循环往复。

根据热源的不同可以将热泵分为空气源热泵、水源热泵和地源热泵3种。热泵有一个共同的特点，都是能量的搬运工，但它们在能量转换上存在很大差异。

（1）空气源热泵

空气源热泵（简称气源热泵，又称空气能热泵），是直接利用环境空气作为热源，由电动机驱动的，利用空气中的热量作为低温热源，经过空调冷凝器或蒸发器进行热交换，然后通过循环系统，提取或释放热能，利用机组循环系统将能量转移到建筑物内，满足用户对生活热水、地暖或空调等需求。

空气能热泵技术应用于热水供应系统，已生产出新一代高效节能、绿色环保的空气能热泵热水器。这些产品可以用来建筑供暖、制取生活热水，也可以用在工农业生产领域实现烘干或者提供工艺流程加热。这些产品实现了可再生能源的有效利用，相对于其他热力设备节能效果显著，运行中没有任何污染排放，是值得大力开发和推广利用的绿色环保设备。

空气源热泵的缺点是空气源热泵的能量来源是空气中的热能，在−10℃或更低的极低温环境中，空气中热能少，能转换的热能有限，工作效能会大打折扣，影响机组整体运作，无法保证采暖或热水供应。

（2）水源热泵

水源热泵是利用一年四季温度基本上都比较稳定的、温度较低的地下水、海水及江河水作为热源，以及利用工业废水。污水处理厂的处理污水，因其温度较高，一般高于20℃，不结冰，故也是很好的热源。

水源热泵机组工作的大致原理是，通过输入少量高品位能源

（如电能），实现低温位热能向高温位转移。在热泵运行过程中，需要打两个井保证整个水体循环的平衡。水体分别作为冬季热泵供暖的热源和夏季空调的冷源，即在夏季将建筑物中的热量"取"出来，释放到水体中去，由于水源温度低，所以可以高效地带走热量，以达到夏季给建筑物室内制冷的目的；而冬季，则是通过水源热泵机组，从水源中"提取"热能，送到建筑物中采暖。

　　水源热泵的工作原理如下：在制冷模式时（图5-10），高温高压的制冷剂气体从压缩机出来进入冷凝器，制冷剂向冷却水（地下水）中放出热量，形成高温高压液体，并使冷却水水温升高。制冷剂再经过膨胀阀膨胀成低温低压液体，进入蒸发器吸收冷冻水（建筑制冷用水）中的热量，蒸发成低压蒸汽，并使冷冻水水温降低。低压制冷剂蒸汽又进入压缩机压缩成高温高压气体，如此循环在蒸发器中获得冷冻水。

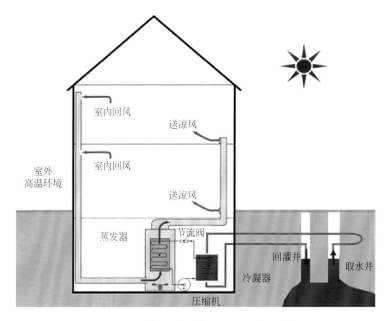

图5-10　水源热泵的工作原理（夏季）

在制热模式时（图5-11），高温高压的制冷剂气体从压缩机出来进入冷凝器，制冷剂向供热水（建筑供暖用水）中放出热量而冷却成高压液体，并使供热水水温升高。制冷剂再经过膨胀阀膨胀成低温低压液体，进入蒸发器吸收低温热源水（地下水）中的热量，蒸发成低压蒸汽，并使低温热源水水温降低。低压制冷剂蒸汽又进入压缩机压缩成高温高压气体，如此循环在冷凝器中获得供热水。

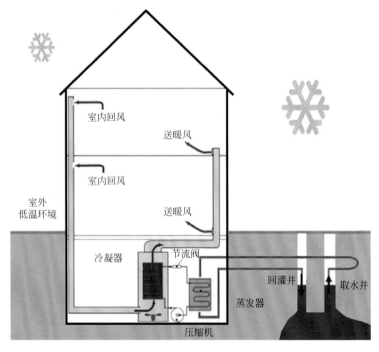

图 5-11　水源热泵的工作原理（冬季）

水源热泵具有以下优点：① 水源热泵是利用了地球水体所储藏的太阳能资源作为热源，利用地球水体自然散热后的低温水作为冷源，因此水源热泵利用的是清洁的可再生能源；② 水源热泵以地表水为冷热源，向其放出热量或吸收热量，不消耗水资源，不会对其造成污染；同时省去了锅炉房等设施，节省建筑空间。

（3）地源热泵

地表浅层地热资源可以称之为地能，是指地表土壤、地下水或河流、湖泊中吸收太阳能、地热能而蕴藏的低温位热能。地表浅层是一个巨大的太阳能集热器，收集了47%的太阳能量，比人类每年利用能量的500倍还多。它不受地域、资源等限制，真正是量大面广、无处不在。

地源热泵是在水源热泵的基础上发展的，是利用了地球表面浅层地热资源（通常小于400m深）作为冷热源，进行能量转换的供暖空调系统，见图5-12。所有使用大地作为冷热源的热泵统称为地源热泵，包括土壤热泵、地下水热泵、地表水热泵（包括江河湖海的水）等，严格来说，地源热泵是水源热泵的一种。

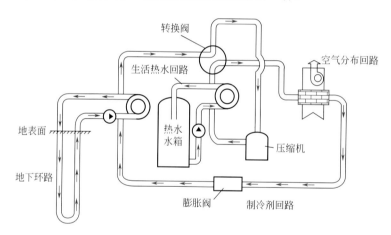

图5-12　地源热泵原理图

地源热泵的水源来源于地下埋管的闭式环路，源水侧的水通过地下埋管与地下进行热交换，而不会产生物质交换。地源热泵系统解决了水源热泵系统的地下水回灌问题，杜绝了地下水资源对热泵机组使用的影响和地下水被污染的可能性。

地源热泵的工作原理是：冬季，热泵机组从地源（浅层水体或岩土体）中吸收热量，向建筑物供暖；夏季，热泵机组从室内吸收热量并转移释放到地源中，实现建筑物空调制冷。

地源热泵具有以下优点。① 环境和经济效益显著。地源热泵机组运行时，不消耗水也不污染水，不需要锅炉，不需要冷却塔，也不需要堆放燃料废物的场地，环保效益显著。地源热泵机组的电力消耗，与空气源热泵相比也可以减少40%以上；与电供暖相比可以减少70%以上，它的制热系统比燃气锅炉的效率平均提高近50%，比燃气锅炉的效率高出了75%。② 一机多用，应用广泛。地源热泵系统可供暖、空调，还可供生活热水，一机多用，一套系统可以替换原来的锅炉加空调的两套装置或系统；可应用于宾馆、商场、办公楼、学校等建筑，更适合于别墅住宅的采暖、空调。

地源热泵是美国政府极力推广的节能环保技术，地源热泵占整个空调总量的20%。1998年美国能源部颁布法规，要求在全国联邦政府机构的建筑中推广应用地埋管土壤换热器地源热泵空调系统。在瑞士、瑞典、奥地利、丹麦等国家，地源热泵技术利用处于领先地位，地埋管土壤换热器热泵得到广泛的应用。据统计，在家庭应用的供暖设备中，地源热泵所占的比例为瑞士96%、奥地利38%、丹麦27%。

最近几年，地源热泵在我国建筑行业中被普遍的应用，对于节约资源和保护环境发挥了重要的作用。截至2017年底，我国地源热泵装机容量达2×10^{10}W，位居世界第一，年利用浅层地热能折合1.9×10^7t标准煤，实现供暖（制冷）建筑面积超过5×10^8m^2。

地源热泵作为一种节能、高效、环保的能源应用，在我国乃至全世界会有更广阔的发展空间。

100. 能源可以回收利用吗？

能源当然是可以回收利用的，如热蒸汽，各行各业都有它的身影，如发电、炼油、生产化工用品、印染、造纸、纺纱、酿造等，这些领域中蒸汽都有非常大的作用。蒸汽多用作热源，它其实是可以回收利用的，但许多工厂没有充分利用就把其当作废气排放掉了。热蒸汽排到空气中不仅是对能源的浪费，更是加重了温室效应。如果能将这废弃的水蒸气回收再利用的话，不仅可以降低生产成本，还可以保护环境。据统计使用回收的热蒸汽可以节能50%左右，并且温度范围差别大。

生产过程中，热蒸汽怎样回收利用呢？其实方法非常简单：可以在产生热蒸汽的管道旁连接一个冷水箱，管道排放的热蒸汽就可以把冷水加热成温水，储存热量；不断加热，温水变成热水，并最终形成蒸汽后，就可以接着生产产品。这样热蒸汽就在整个生产系统中循环利用了，可以节省大量的能源。

企业在生产过程中会产生大量的高温烟气，具体来说，烟气余热量大，温度范围宽，分布广泛。在冶金、化工、建材、机械、电力等行业中，各种冶炼炉、加热炉、内燃机和锅炉等设备排出的尾气和烟气，都含有大量的余热。这些余热资源丰富而且普遍存在于各行业生产中，被认为是继煤炭、石油、天然气和水力之后的第五大常规能源。

烟气余热作为主要余热类别数量多、分布广、回收相对容易，充分利用烟气余热是企业节能的主要环节。如煤炭炼焦产生的焦炉煤气温度为750℃，转炉炼钢过程中产生的转炉煤气的温度高达1450～1500℃。如不回收利用，就会白白地浪费掉。那对于这些高温烟气究竟怎么更好地进行利用呢？

高温烟气的热能由于温度高，其能级较高，因此很容易加以利用，一般都是最大限度地将其转化成为机械能，用于动力，即所谓的"高质高用"。例如，在锅炉中烟气的热能转变成为水蒸气的热能，再通过汽轮机转换成为机械能，并继而通过发电机组转换成为电能。高温烟气也可直接通过燃气轮机、内燃机等将热能转换成为机械能产生动力。

（1）利用余热蒸汽锅炉进行收集

经过余热蒸汽锅炉对烟气进行换热，产生中温中压或高温高压蒸汽,产生的蒸汽如果生产需要则生产使用,理想的利用方式是高温高压的蒸汽经过汽轮发电机组发完电后,抽汽进行生产用气的供给,这样才能实现利益最大化。

(2)利用余热热水锅炉进行收集

利用余热热水锅炉对高温烟气进行收集见图5-13,该方法收集的烟气品质及烟气量不是很大,收集的热水同样可以根据生产需要使用,或者供暖、洗澡等,使这部分余热得到充分的合理运用。

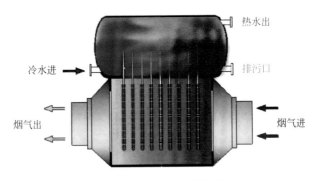

图5-13 高温烟气余热的利用

除了以上介绍的企业生产过程中产生的热蒸汽、高温烟气以外,还会产生冷却介质余热、废水余热、高温产品和炉渣余热、化学反应余热、可燃废气废液和废料余热等。根据调查,各行业的余热总资源占其燃料消耗总量的17%～67%,可回收利用的余热资源约为余热总资源的60%。如能够充分回收和利用这些能量,可进一步提高企业的热效率,达到节能降耗的目的,也是一项重要的节能途径。

参 考 文 献

[1] 梁英豪.化学与能源[M].南宁：广西教育出版社，1999.

[2] 罗运俊，何梓年，王长贵.太阳能利用技术[M].北京：化学工业出版社，2005.

[3] 高秀清，胡霞，屈殿银.新能源应用技术[M].北京：化学工业出版社，2011.

[4] 潘洪章.化学与能源[M].北京：北京师范大学出版集团，2012.

[5] 徐旭常，周力行.燃烧技术手册[M].北京：化学工业出版社，2008.

[6] 熊绍珍，朱美芳.太阳能电池基础与应用[M].北京：科学出版社，2009.

[7] 颜鲁薪.光伏发电技术及应用[M].西安：西北工业大学出版社，2015.

[8] Alireza Khaligh，Omer COnar.环境能源发电：太阳能、风能和海洋能[M].闫怀志，卢道英，闫振民等译.北京：机械工业出版社，2013.

[9] 黄素逸，杜一庆，明廷臻.新能源技术[M].北京：中国电力出版社，2011.

[10] 马双才.让地下石油见青天：石油开采[M].北京：石油工业出版社，2006.

[11] 张子魁，徐瑶.《煤炭使用对中国大气污染的"贡献"》发布[N].中国矿业报，2014-10-30（A02）.

[12] 张玉卓，刘玮. 我国煤烟型污染防治策略研究 [J]. 中外能源，2013，18（4）：1-6.

[13] 金银龙，何公理，刘凡，等. 中国煤烟型大气污染对人群健康危害的定量研究 [J]. 卫生研究，2002，31（5）：342-348.

[14] 祝宁. 洁净煤技术发展现状及发展意义 [J]. 山西化工，2017，37（3）：61-62，70.

[15] 王明华，毛亚林，李瑞峰. 现代煤化工技术现状及趋势分析 [J]. 煤炭加工与综合利用，2017，（2）：17-20，41.

[16] 王基铭. 中国现代煤化工产业现状与展望 [J]. 当代石油石化，2012，（8）：1-6.

[17] 杨明莉，徐龙君，鲜学福. 煤基炭素活性材料的研究进展 [J]. 煤炭转化，2003，26（1）：26-31.

[18] 王化军，张国文，胡文韬，等. 煤基纳米碳材料制备技术的研究与应用 [J]. 选煤技术，2015，（6）：89-93.

[19] 黄飞，徐慧敏，黄成相，等. 富勒烯C60的性能及应用研究进展 [J]. 五邑大学学报（自然科学版），2017，31（1）：24-28.

[20] 宋帮勇，程亮亮，许江，等. 页岩气综合利用探讨 [J]. 现代化工，2013，33（4）：15-20.

[21] 杨波. 天然气制合成油的技术经济分析 [J]. 石油化工技术经济，2004，19（1）：8-14.

[22] 郭艳艳，张保淑. 煤层气：从"夺命瓦斯"到"澎湃动力"[N]. 人民日报海外版，2018-08-04（08）.

[23] 梁冰，石迎爽，孙维吉，等. 中国煤系"三气"成藏特征及共采可能性 [J]. 煤炭学报，2016，41（1）：167-173.

[24] 赖明东，刘益东. 中国风电产业发展的历史沿革及其启示 [J]. 河北师范大学学报（哲学社会科学版），2016，39（3）：20-26.

[25] 张翠华，范小振，施民梅.低碳时代农村生产生活方式的转变 [J].改革与战略，2011，27（1）：96-97.

[26] 袁惊柱，朱彤.生物质能利用技术与政策研究综述 [J].中国能源，2018，40（6）：16-21.

[27] 王寿意，金伟东，张宁，等.生物质生产碳材料的可行性研究 [J].化学工程与装备，2018，（7）：20-22.

[28] 张翠华，范小振，施民梅.农村垃圾处理探讨 [J].沧州师范专科学校学报，2009，25（3）：90-91，93.

[29] 陈温福，张伟明，孟军，等.生物炭应用技术研究 [J].中国工程科学，2011，13（2）：83-89.

[30] 陈温福，张伟明，孟军.农用生物炭研究进展与前景 [J].中国农业科学，2013，46（16）：3324- 3333.

[31] 徐艳，史高琦，王曙光.生物炭在土壤污染修复中的应用 [J].安徽农业科学，2018，46（26）：120-122，146.

[32] 胡俊文，闫家泓，王社教.我国地热能的开发利用现状、问题与建议 [J].环境保护，2018，（8）：45-48.

[33] 唐永伦，李晓龙，熊言林.令人喜忧参半的核能 [J].化学教育，2012，34（3）：1-3.

[34] 赵昂.核电站这样" 烧开水"[N].工人日报，2018-04-20（06）.

[35] 宣之强，李钟模，吴必豪，等.天然气水合物新能源简介：对全球试采、开发和研究天然气水合物现状的综述 [J].化工矿产地质，2018，40（1）：48-52.

[36] 牛禄青.可燃冰：能源宝库与商业开发 [J].新经济导刊，2017，（7）：44-49.

[37] 王明涛，刘焕卫，张百浩.燃气机热泵供热性能规律的理论和实验研究 [J].化工学报，2015，66（10）：3834-3840.

[38] 陆刚.探析地源热泵的结构特点及其运用 [J].洁净与空调技术，2018，（6）：65-71.

[39] 张浩，翟佳羽，张兵. 化学电源的前世今生 [N]. 解放军报，2014-02-20（007）.

[40] 郭红霞，杜志勇. 我国化学电源的发展与应用 [J]. 现代化工，2013，33（4）：5-8.

[41] 邹红雨，姚明武. 建筑中最常用的保温隔热材料 [J]. 砖瓦，2008，（6）：64.

[42] 杨文海，林殿军. 建筑门窗对能耗损失的影响 [J]. 门窗，2007，（8）：26-27.

[43] 鲍玲玲，李亚楠. 我国太阳房采暖技术研究综述 [J]. 洁净与空调技术，2017，（2）：15-22.

[44] 高春旭. 浅析烟气余热阶梯利用方法 [J]. 应用能源技术，2018，（10）：25-27.